量子百年
从微观探究到科技重塑

陈 根 编著

電子工業出版社·
Publishing House of Electronics Industry
北京·BEIJING

内 容 简 介

本书从普通读者的认知角度出发，共 7 章，以量子概念的诞生为起点，讲述了 20 世纪物理学家思想论战的故事，关于量子科学的百年探索；以量子科技的发展为主线，介绍了微观世界量子力学的基础理论和发展过程，量子力学在宏观世界中的应用（量子计算、量子传感器、量子通信、量子密钥等）；阐述了量子科技的商业化及其引发的产业革命，以及对量子科学的思考与探讨。

图书在版编目（CIP）数据

量子百年：从微观探究到科技重塑 / 陈根编著. —北京：电子工业出版社，2023.9
ISBN 978-7-121-46431-7

Ⅰ. ①量… Ⅱ. ①陈… Ⅲ. ①量子论－普及读物 Ⅳ. ①O413-49

中国国家版本馆 CIP 数据核字（2023）第 179215 号

责任编辑：秦　聪
印　　刷：北京盛通数码印刷有限公司
装　　订：北京盛通数码印刷有限公司
出版发行：电子工业出版社
　　　　　北京市海淀区万寿路 173 信箱　邮编：100036
开　　本：720×1 000　1/16　印张：13.5　字数：216 千字
版　　次：2023 年 9 月第 1 版
印　　次：2024 年 11 月第 2 次印刷
定　　价：89.00 元

凡所购买电子工业出版社图书有缺损问题，请向购买书店调换。若书店售缺，请与本社发行部联系，联系及邮购电话：（010）88254888，88258888。

质量投诉请发邮件至 zlts@phei.com.cn，盗版侵权举报请发邮件至 dbqq@phei.com.cn。

本书咨询联系方式：qincong@phei.com.cn。

从普朗克提出"量子"概念算起，迄今为止，量子科学已经走过了百年有余。

1900 年，因为无法解释的"紫外灾难"，普朗克创造性地提出了"量子"的概念，认为从黑体中辐射出来的电磁波不是连续发出的，而是一份一份地发出的，每一份被称为一个"量子"。普朗克的量子概念打破了经典物理学认为的物理量可连续取值的基本假设，提出了能量分立的设想，也推开了量子世界的大门。

尽管普朗克将人们带入了量子世界，但对于当时的物理学家来说，量子世界依然神秘而陌生。

在普朗克的基础上，爱因斯坦假设，既然能量不是连续的，电磁波是一种能量，光又是一种电磁波，那么光或许也不是连续的，这就是"光量子"假说，从而解释了光电效应现象。

1927 年，在量子理论的早期发展阶段，海森堡等人提出的矩阵力学和薛定谔方程被认为是量子力学诞生的标志。此后，量子力学又发展出了海森堡"测不准"原理、玻尔互补性原理等。

然而，以爱因斯坦、薛定谔等人为代表的物理学家却坚决反对海森堡、玻尔等主张的量子理论。爱因斯坦相信，世界的本质不是随机的，这与经典力学的观点一致。而以海森堡、玻尔为代表的哥本哈根学派认为，微观世界的随机性是内在的、本质的，并没有什么隐变量。量子力学在两派的辩论中日趋成熟，补齐了诸多重要的理论。

今天，量子科学在经历了波澜壮阔的探索，走过了曲折的迷途，迎来理论的新生后，终于进入通往实际运用的阶段。量子科学与我们的生活已经紧密相连——信息处理、存储、显示、传输，包括许多信息的精密测量、与信息相关的精密电子器件和光学器件，都是在量子科学的基础上发展起来的。

以晶体管为例，没有晶体管就没有计算机、互联网、网络信息时代，而晶体管的发明和发展皆离不开量子科学的理论支持。1928 年，物理学家布洛赫提出布洛赫波的概念，在此基础上发展出的能带理论揭示了固体内部电子的运动特点，从而推进了半导体材料的研究进展。1947 年 12 月 23 日，贝尔实验室的三位研究员利用锗半导体，发明了第一枚点触式晶体管，正式开启了信息时代。

2022 年底，ChatGPT 横空问世，其凭借强悍的性能，一举点燃了人工智能市场。在以 ChatGPT 为代表的人工智能大模型给人类社会带来巨大变革的同时，算力问题也随之而来。面对巨大的算力成本，人工智能想要走向未来，必然要寻找一种更加经济的计算方式，在提升算力的同时降低能耗。在这样的背景下，量子计算成为大幅提高算力的重要突破口。

当前，从激光、核能、晶体管到量子计算、量子通信、超导材料，量子技术正在不断推动人类科技的发展，新的科技产业革命也将由此开启。本书基于此，以量子概念的诞生为起点，讲述了 20 世纪物理学家思想论战的故事，关于量子科学的百年探索；以量子科技的发展为主线，展示了量子科学推动人类文明向前发展的技术力量。让我们一起站在前沿科技的视角下，跳出经典世界的局限，走进量子世界，走向量子远方。

陈根

2023 年 8 月

目录

CONTENTS

探索篇 问路量子科技

展望篇　激荡量子时代

发现量子世界

第 1 章　神秘的微观世界

1.1　经典物理学大厦落地

17 世纪末，以牛顿《自然哲学的数学原理》的出版为标志，人类进入了经典物理学时代。经典物理学不断发展，取得了巨大成就，在科学研究和生产技术中得到了广泛应用——人类利用经典物理学进行了第一次工业革命，从而大大提高了生产力；后来的第二次工业革命背后也有经典物理学的影子。

直到今天，牛顿的经典物理学还在指导人类生活的方方面面，从火星车着陆火星到子弹击穿目标，都需要用到经典物理学。可以说，经典物理学深深地影响着 17 世纪之后的人类世界，也在一定程度上加速了科技革命的进程。

不过，正如恩格斯所说："世界不是既成事物的集合体，而是过程的集合体。"任何事物的形成都不是一蹴而就的，而是有一个发展的过程，经典物理学也是如此。在经典物理学大厦落地前的很长一段时间内，人们都在黑暗中摸索着向科学前进。

1.1.1　宗教与科学

在早期社会中，由于生产力和创造力极其低下，人类无法认识大自然很多现象的本质，更不知道如何去解释这些现象。因此，出于本能，人类只能相信存在神秘的神灵，并把这些现象的产生归根于神灵，对神灵敬畏、依赖和归依，请求神灵的保佑。

于是，宗教和神学诞生了。宗教负责解释世界、传播信念、安抚心灵和司法审判等，渗透到社会的政治、经济、文化等方面。古希腊时期，罗马统治者将宗教作为统治工具凌驾于其他文化之上，以致宗教在思想上取得绝对的统治地位，支配着科学、哲学及其他文化形式。

而早期的科学，尽管只是关于自然和生活的经验，以及工艺品的制造，却也是被宗教支配着的。虽然古希腊时期的哲学家、科学家试图解释一些自然现象，但由于技术的限制，也只能依赖过去的经验。其中，人们熟知的，就是亚里士多德和托勒密这两位集哲学、自然科学等多领域研究于一身的科学家。

在力与运动方面，亚里士多德提出了重要观点：一是体积相等的两个物体，较重的下落得较快；二是力是维持物体运动状态的原因。尽管这两个观点都被后来的学者一一推翻，但这些观点还是在很长时间内被人们所接受并引发科学家持续进行思考和研究。

托勒密与亚里士多德一样，也是古希腊数学家、天文学家。由托勒密和亚里士多德进一步发展而逐渐建立和完善的"地心说"，在很长一段时间内都是人们对地球和日月星辰观察的依据。在"地心说"的主要观点中，宇宙是一个有限的球体，分为天地两层，地球位于宇宙中心，日月围绕地球运行，物体总是落向地面。地球之外有 9 个等距天层，由内向外的排列次序是：月球天、水星天、金星天、太阳天、火星天、木星天、土星天、恒星天和原动力天，此外空无一物。除恒星天和原动力天外，其他 7 个天层自己不会动。而人类居住的地球，静静地屹立在宇宙的中心。尽管现在看来，"地心说"非常荒唐，却是当时最先进的人与自然的模型。

在那个时候，亚里士多德的物体运动观点和托勒密的"地心说"圆满地解释了日常生活中的现象和行星的运动情况，因此被人们信奉为经典。基督教将亚里士多德的思想与基督教义结合，提出"物体运动的第一推动者是上帝"，这使得亚里士多德的思想作为权威思想长达一千多年。托勒密的"地心说"则得到了天主教的支持，教会也由此成为中世纪欧洲社会思想的正统。

1.1.2　走出"地心说"时代

在"地心说"占据了人类文明主流长达两千年后，14 世纪，意大利的商品经济发展起来，出现了早期的资本家，这些资本家如银行家、富商等崇尚人的自由，反对教会和封建迷信对人的思想禁锢，并要求复兴在中世纪被湮没的古希腊、古罗马时代的文化，这就掀起了欧洲著名的"文艺复兴"运动。这场运动以人文主义为核心，强调以人为中心而不是以神为中心，反对愚昧的宗教迷信，使人们的思想得到解放。

这场运动使科学得到了空前的发展——随着天文观测资料越来越多、越来越精确，托勒密的"地心说"无法解释的现象越来越多，于是学者开始对"地心说"进行不断修补，结果越修越复杂，直到哥白尼的出现，人类社会才开始从"地心说"时代走向"日心说"时代。

1491 年，哥白尼到克拉科夫大学学习天文学和数学。哥白尼非常勤奋地钻研了托勒密的学说，发现了很多错误的结论。哥白尼认为，天文学要发展，不应该不断修补"地心说"，而是要发展新的宇宙结构体系。

哥白尼接受毕达哥拉斯学派提出的"宇宙是和谐的，可用简单的数学关系来表达宇宙规律"的思想，并且高度赞扬太阳，认为太阳是宇宙中心。通过观察星辰运行规律，并不断进行观测和计算，哥白尼逐渐确信，地球和其他行星都是围绕着太阳转动的。

1516 年，哥白尼发表著作《天体运行论》。在《天体运行论》里，哥白尼严密地论证了行星的运动，并创建了地球运动的三种模式：第一种，地球绕着太阳转，周期一年；第二种，地球自转，周期一天，这解释了为什么会有昼夜更替现象；第三种，地球自转轴是倾斜的，旨在解释四季更替现象。

遗憾的是，哥白尼虽然提出了"日心说"，但是并没有得到教会的认可，出版《天体运行论》一书也遇到了重重困难。甚至，意大利思想家乔尔丹诺·布鲁诺（1548—1600 年）因到处宣传"日心说"，反对"地心说"，被教会判为"异端"，1600 年被烧死在罗马鲜花广场。

无论如何，既然关于科学原理的探索已经开始，那么就不会轻易结束。哥白尼提出的"日心说"虽然没有立即得到认可，但几十年后，开普勒在哥白尼"日心说"的基础上，提出了更加有力的开普勒行星运动定律。

1571 年，开普勒出生于德国符腾堡。16 岁时，开普勒进入蒂宾根大学学习文学。在校期间，开普勒的天文学教授麦斯特林秘密教授"日心说"，使开普勒受到很大的影响，开始对天文学和数学产生浓厚的兴趣。1596 年，开普勒发表了他在天文学方面的第一部著作《宇宙的神秘》，并在书中肯定了哥白尼的学说。由此，开普勒的数学才能得到了丹麦天文学家第谷的赏识。不过，第谷本人并不支持"日心说"。

1600 年，开普勒接受第谷的邀请，来到布拉格郊外的天文台，担任第谷的助手。第谷对天文观测的数据非常准确。开普勒和第谷共事一年多后，第谷就去世了，他把自己毕生观测的数据交给了开普勒。开普勒当了第谷的接班人后，开始认真整理、计算第谷的观测数据，想要以此来证明哪一种学说是正确的。

1609 年，开普勒发表了天文学著作《新天文学》，他在书中正式提出了两大行星运动定律。其中，行星运动第一定律就是轨道定律，即每个行星都环绕太阳运转，运动轨迹是椭圆的，太阳在椭圆的一个焦点上。行星运动第二定律为面积定律，即行星在近日点速度最快，在远日点速度最慢，从行星到太阳的假想连线在相等的时间内扫过的面积相等。在提出两大行星运动定律后，开普勒又继续提出了行星运动第三定律——周期定律，即行星运动椭圆轨道半长轴的立方与公转周期的平方成正比。为了纪念开普勒的伟大，这三大行星运动定律也被称为"开普勒定律"。开普勒的发现是对哥白尼学说的完善，不仅否定了正圆轨道，也推翻了"地心说"。它使复杂的宇宙结构简单化，使人们更容易认识宇宙。自"开普勒定律"被提出后，天文学才真正成为一门精准的学科。

在开普勒完善哥白尼学说的同时，伽利略则从实验及方法的角度为科学带来新的视野。伽利略是物理学史上重要的科学家，他一生的成就很多。例如，他发现了单摆摆动的时间等长性；设计温度计，从而开启热力学领域的研究；设计望远镜，开启人类对宇宙观察的望远镜时代；等等。

而最让人们钦佩的还是，伽利略打破了两千多年的关于力与运动的束缚，第一次提出力不是维持物体运动的原因，并创造性地提出了惯性。

为了解决力与运动的关系，伽利略首次提出了加速度的概念，为后来力与运动的定量计算奠定了基础。伽利略认为"科学的真理应该在实验中和以实验为基础的理论中去寻找"，自此，物理实验被人们提到了前所未有的高度，伽利略也因此被人们称为"近代物理学之父"。同时，为了更好地向大众普及自己的观点，伽利略在《关于托密勒和哥白尼两大世界体系的对话》一书中，创造性地使用对话体进行书写，使知识更容易传播。

1.1.3　苹果砸出的经典时代

虽然开普勒、伽利略等科学家已经为近代物理学的发展给出了理论和科学实验的支持，但这些理论依然不够完备。例如，开普勒虽然提出了行星运动定律，但是并没有具体论证为什么行星会环绕太阳运转。而经典物理学大厦想要真正落成，还需要一位关键的人物来综合和完善这些科学理论，而这位关键的人物，就是如今人人皆知的伟大科学家——牛顿。

1688 年，牛顿发表了著作——《自然哲学的数学原理》，由此将人类带入了经典物理学时代。牛顿的主要成就——对万有引力和力学三大定律的研究，云集在此时期。

牛顿认为，地球对地面物体有力的作用，并且这个力符合"万有引力定律"，从而证明和完善了开普勒关于天体运动的定律。关于牛顿发现万有引力的过程，相信大家都不陌生：一个年轻人对砸中他的苹果产生了兴趣，进而发现了万有引力定律。

所谓"万有引力"，即一切物体之间都存在着相互吸引的力。这个看起来简单的解释，却是一个非常伟大的发现。虽然开普勒等已经对天体运动有了一定的了解和理论归纳，但与前人的研究成果相比较，牛顿的理论更加系统全面，更能解释很多自然现象。这一定律的表达方式也更加简单——任意两个质点相互吸引，引力的方向在质点的连心线上，引力的大小与质点质量的乘积成正比，与质点距离的平方成反比。正是有了牛顿的万有引力定律，人们才得以解开宇宙运转的奥秘，并且借此研究和揭示行星环绕恒星运转的规律，以及卫星环绕行星运转的规律。

此外，牛顿还专门讲解了力学三大定律，即惯性定律、加速度定律及作用力与反作用力定律。

在牛顿力学出现之前，人们理所当然地认为，物体的运动需要力的维持，如果要物体持续不断地运动就必须给它以力的作用，就像推动一辆失去动力的汽车一样，一旦不施加力，它就会停下来。这种观点就像亚里士多德认为的轻物体比重物体落得慢一样。

牛顿则认为，当物体没有受到外力的作用时，它将保持静止状态或者匀速直线运动状态。只有当要改变物体的运动状态时——由静止变为运动、由匀速运动变为加速运动、由直线运动变为曲线运动，才需要力的作用。简单地说，就是"一切物体总保持匀速直线运动状态或静止状态，直到有外力迫使它改变这种状态为止"。也就是说，静止或匀速直线运动才是物体最"自然"的状态；如果没有受到外力的作用，物体将永远保持这种状态。这从根本上改变了人们认为的必须用力才能让物体运动的旧观念，而这就是牛顿的惯性定律。

加速度是描述物体运动速度改变的物理量，它既可以增大，也可以减小，我们可以将减小看作一种负的加速度。使物体产生加速度的原因是力，也就是说，要使物体的状态由运动变为静止或者由静止变为运动，或者使运动的物体速度增大或减小，都需要力的作用。

至于作用力和反作用力，从字面意义上就能够理解。例如，猴子去摇石柱，猴子对石柱产生了作用力，同时，石柱也会对猴子产生反作用力。作用力与反作用力的关系有三个：一是大小相等，二是方向相反，三是作用在同一条直线上。这就是牛顿力学的第三定律，相互作用的两个物体之间的作用力与反作用力总是大小相等、方向相反，并且作用在同一条直线上。

牛顿把物理的一切运动和形变都归结于"力"的存在。如果没有力，所有的物体都不会改变运动状态；如果有了力，物体就会运动或者形变，力越大，运动或形变就越明显。

牛顿让很多常见的生活现象得到了科学的解释。例如，刹车的时候，乘客为什么会前倾；轿车启动的速度为什么会比卡车快；用力拍桌子的时候，手为什么会疼；地球为什么会围绕太阳转；等等。

至此，经典物理学的大厦最终落成。然而，就在科学家享受着物理学来之不易的"万里晴空"时，远方飘来了两朵"乌云"。

1.2 晴空中飘来"乌云"

如果要评选物理学发展史上最伟大的时代，那么有两个时期是一定会入选的，即 17 世纪末和 20 世纪初。

17 世纪末，牛顿集前人的经验理论于大成，出版《自然哲学的数学原理》一书，使人类进入经典物理学的时代。

20 世纪初，科学家普遍认为：世界上所有已经发现的物理现象，都可以用牛顿的力学理论、麦克斯韦的电磁场理论等经典物理学理论来解释。以至于不少物理学家都萌生出"物理学的大厦已经落成，之后的物理学家只需做些修补工作即可"的感觉。然而，就在这个时候，经典物理学大厦的远方，却飘来了"乌云"。

1.2.1　经典物理学的"紫外灾难"

虽然经典物理学看起来已经相当完整，但它很快就遭遇了新的挑战。随着科学的发展和世界的变革，牛顿力学在一些特殊的应用情景下居然"失灵"了。其中的典型问题，就是曾任英国皇家学会会长的知名物理学家开尔文在 1900 年 4 月举行的一场演讲中提到的"两朵乌云"：第一朵"乌云"主要是指迈克尔逊-莫雷实验结果与以太漂移学说相矛盾；第二朵"乌云"主要是指热学中的能量均分原则在气体比热以及热辐射能谱的理论解释中得出与实验不等的结果，其中尤以黑体辐射理论出现的"紫外灾难"最为突出。

要知道，按照 1900 年以前人们的认知，光是一种波，具有一定的频率，而频率就是一个物体在单位时间内振动的次数。例如，一个篮球一秒钟弹跳一次，就被称为 1 赫兹，我们每秒钟可以打出 3 个字，就是 3 赫兹。在波的现象中，一秒钟波在一个点处振动的次数，被称为这个波的赫兹数。对于光波所携带的能量也是如此，光波在一秒钟内振动的次数越多，其所携带的能量就越大。因此，测量光具有的能量就是计算其在一秒钟内振动的次数。红光、绿光、蓝紫光在一秒钟内振动的次数不同，其所携带的能量就不同。

在这样的前提下，我们还需要知道一个常识性的知识，那就是任何固体或液体，在任何温度下都在发射各种波长的电磁波，也就是光。举一个简单的例子：当一个铁块被加热时，我们能先感觉到外面在"发热"，虽然铁块还是原来的颜色，但它所发出的电磁波已经改变了——这个时候，它所释放出的是肉眼不可见的电磁波（红外线）。我们看不到这些电磁波，却可以感受到它辐射出的效应——发热。当我们把铁块继续加热，在超过 550℃ 时，它就会发射出肉眼可见的红色光。随着温度的升高，铁块颜色还会逐渐变为橙色、黄白色、青白色。

根据三原色原理，三种颜色的光同时释放时，就变成了白色光。例如，当白炽灯泡中的钨丝温度达到 2 200℃ 时，释放出的光就是白色的。当我们把物体继续加热到 5 000℃ 以上时，就会释放出更高频率的光——蓝光、紫光和紫外线。

根据 1900 年以前人们的认知，一个被加热的物体，会在所有频率段同等地发射电磁波。按照这一逻辑，温度越高则释放出的所携带的能量就越高，以至于温度达到 100 000℃ 时，会释放出极高频率的电磁波。

也就是说，随着温度的不断升高，如果把光看成连续发射出的波，那么被加热的物体释放出的光的频率将是无限的，即其辐射的总量也是无限的。因为所释放出的电磁波都在紫外线一端。因此，1911 年，埃伦费斯特把这种推断出的会释放无限频率和无限辐射总量的现象称为"紫外灾难"。当然，"紫外灾难"只是人们在理论上得出的一个"结果"，即高热物体会无限地放出高频光，但这一推论和事实相违背。

此前，在研究电磁波时，科学家就在热力学范畴建立了一个理想模型——黑体，为了研究不依赖于物质具体属性的热辐射规律，物理学家以黑体作为热辐射研究的标准物体，它能够吸收外来的全部电磁辐射，并且不会有任何的反射与透射。换句话说，黑体对于任何波长的电磁波的吸收系数为 1、透射系数为 0。而我们已经知道，一切温度高于绝对零度的物体都能产生热辐射，温度越高，辐射出的总能量就越大，短波成分就越多。随着温度上升，黑体所辐射出来的电磁波被称为黑体辐射。

通过测量黑体实际释放的辐射，物理学家发现，黑体辐射并非像经典理论预言的"在紫外区趋向无穷"，而是在"临近波谱的可见光区中间的位置"达到峰值。也就是说，随着温度的升高，辐射的能量会先出现一个峰值，再随波长的减小而衰减。太阳就是一个最好的黑体，太阳表面的温度是 6 000℃，如果光是波，那么太阳的光绝大部分应该以紫外线的方式发射出来，然而实际情况却是，太阳所发射出最多的光并非紫外线，而是白光。紫外线和高能射线只占太阳辐射总量的极少一部分。

因此，当我们把光设想成波，就会引发理论与实际检测上的不一致。物理学家对于这种奇怪的、不符合理论的数据感到迷惑，也无法理解。

于是，经典物理学理论出现了物理学家无法解释的"失灵"，而当时的物理学家或许不会想到，正是黑体辐射问题，成了后来动摇经典物理学大厦的开始。

1.2.2　"失灵"的经典物理学

经典物理学理论除无法解释黑体辐射这一现象外，还暴露出了诸多局限。

经典物理学是从日常生活的机械运动中总结出来的规律，因此所观察到的物体都是宏观的。然而，从 19 世纪末到 20 世纪初，人们相继发现电子、质子、中子等微观粒子，超出了宏观的日常生活经验的领域。微观粒子不仅具有粒子性，而且具有波动性，其运动规律也不能用经典物理学来描述。

1898 年，居里夫人发现了放射性元素钋和镭。这些发现表明，原子不再是组成物质的最小单位，其具有复杂的结构。1911 年，英国物理学家卢瑟福根据所做的 α 粒子散射实验提出了著名的原子模型：原子的正电部分和质量集中在很小的中心核即原子核中，电子围绕着原子核运动。

但该模型建立后引发了一个问题，即为什么原子外层带负电的电子并未被带正电的原子核吸引而陷入核内？按照经典电动力学，围绕原子核运动的电子将不断辐射而丧失能量，最终掉入原子核中而"崩溃"。但现实世界中，原子却是稳定地存在，这是经典物理学无法解释的。

经典物理学无法解释的还包括光电效应。所谓光电效应，是指光束照在金属表面时会发射出电子的现象。这个现象非常奇特，电子原本是被金属表面的原子束缚的，而一旦被一定的光线照射，这些电子就开始变得活跃。但令人不解的是，光能否在同种金属表面照射出电子，不取决于光的强度，而取决于光的频率。显然，经典物理学的波动理论不适用于这一现象。

此外，原子光谱、固体比热和原子的稳定性等问题的存在，都让经典物理学的局限性越发凸显，人们逐渐意识到牛顿力学的乏力，也发现了其漏洞：在牛顿力学中，时间是绝对的，空间是绝对的，高速运动与低速运动是绝对的。

于是，为了消除经典物理学大厦上方的"乌云"，解释这些经典物理学所不能解释的现象，物理学家在不经意间敲开了量子世界的大门。终于，20 世纪初，物理学家开始探索原子、原子核及基本粒子这个无声无形的世界，继理论和实验探讨之后，一个新的"王国"横空出世，那就是"量子王国"。

与经典物理学时代相比，将近三百年后的量子物理时代更是充满了神秘与辉煌，相对论和量子论的诞生，不仅创造了一个全新的物理世界，更是彻底推翻并重建了整个物理学体系，并在今天依然具有深远的影响。

1.3 从普朗克公式到光电效应

经典物理学暴露出的问题，吸引着物理学家进一步的探索。

其中，面对"紫外灾难"带来的黑体辐射问题，普朗克创造性地提出了量子假说，即假定振动电子辐射光的能量是量子化的，从而得到一个表达式，与实验完美契合。

尽管普朗克一开始对自己的理论并没有信心，甚至认为理论本身是很荒唐的，就像他后来所说的："量子化只不过是一个走投无路的做法。"但最终普朗克还是推开了量子世界的大门，人类也由此从经典物理学时代走向另一个同样辉煌灿烂的时代——量子物理时代。

1.3.1　普朗克：一个走投无路的做法

实际上，在普朗克提出量子假说之前，主要存在两种黑体辐射理论。

一种是维恩公式——1893 年，德国物理学家维恩发现辐射能量最大的频率值正比于黑体的绝对温度，并给出辐射能量对频率的分布公式。维恩认为，既然黑体辐射讨论的是电磁波的发射问题，根据电磁学已经知道，带电粒子或电流作简谐振动时将辐射电磁波，那么黑体辐射问题应该可以在电磁学的理论基础上被讨论解决。维恩公式体现了物体的离散性特征，但是只能在短波阶段符合实验的检验，在长波阶段就会失效。

另一种是瑞利-金斯公式——1899 年，英国物理学家瑞利和天体物理学家金斯在电动力学和统计物理学的基础上，推导出了一个辐射能量对频率的分布公式。在这个公式中，当辐射的频率趋于无穷大时，辐射的能量是发散的，这个理论反映了能量的连续性。然而，瑞利-金斯公式虽然在长波阶段与实验数据相吻合，弥补了维恩公式的缺陷，但在短波阶段却失去了维恩公式的优点。

为了解决这些问题，普朗克采用内插法，将维恩公式和瑞利–金斯公式结合起来，得到了一个完全符合实验结果的公式，即著名的普朗克公式。

普朗克在 1900 年底提出了对其公式的解释方案。同年 12 月 14 日，普朗克向德国物理学会宣读了《关于正常光谱的能量分布定律的理论》这一文章，报告了他的这个大胆的假说，即谐振子的能量不是连续变化的，只能取某个最小值的整数倍，而那个最小值与振子的频率成正比，比例系数 h 是从实验数据拟合得到的普朗克常数。通过这种假设，就得到了普朗克公式。

由于电磁谐振子吸收或放出的电磁波与其频率一致，因此，这种振子的能量只能取分立值，导致黑体辐射和吸收能量也是一份一份的，称为能量子。简单来说，从黑体中辐射出来的电磁波不是连续发出的，而是一份一份地发出的，每发出一份就被普朗克称为一个"量子"。自此，量子力学的概念被首次提出，普朗克成功地把人类推进了量子力学的大门。12 月 14 日也被称作"量子日"。普朗克作为量子力学的创始人，在 1918 年获得了诺贝尔物理学奖，1069 号小行星被命名为普朗克行星。

普朗克的能量子概念打破了经典物理学认为物理量可连续取值的基本假设，首次提出能量分立的设想，否定了能量均分定律。这与经典物理学是背道而驰的，让普朗克自己都有些顾虑，以至于他在相关论文的最后说"我谨在此提出，大家不要太认真"。事实上，当时的物理学界对此真的没有认真看待，以致普朗克提出这个公式的五年之后，还有人试图从经典物理学角度来解释黑体辐射的问题。

1.3.2 爱因斯坦：让光子"量子化"

普朗克作为量子力学的开创者，并没能为量子假说给出更多的物理解释，他只是相信这是一种数学的推导手段，从而能够使理论和经验上的实验数据在全波段范围内符合。很快，爱因斯坦将普朗克的量子假说进行了完善和发扬。

在普朗克提出"能量不是连续的，而是一份一份地进行着，而每一份的能量又和频率有关"的基础上，爱因斯坦假设，既然能量不是连续的，电磁波是一种能量，光又是一种电磁波，那么光或许也不是连续的。

1905 年，爱因斯坦发表题为《关于光的产生和转化的一个试探性观点》的论文，正式提出了他的假说。在这篇文章中，爱因斯坦大胆地假设光也是一种不连续的"能量子"，即"光量子"。他提出，光子在静止的时候质量为 0，运动时会有质量。但在这当中，"光量子"和牛顿的"微粒"是不同的，牛顿认为光是一种实心的"微粒"，而爱因斯坦所说的"光子"则是量子化的。

爱因斯坦通过进一步研究发现，当光子被发射到金属板上面时，金属板上的电子会把光子带有的能量吸收。如果在此过程中，电子吸收了过多的能量，导致不能被原子核所束缚时，电子就会挣脱束缚，逃到金属板的表面，这就是"光电效应"。爱因斯坦的论述解释了为什么光电子的能量只与频率有关，而与光强度无关。即便光束的光强度很微弱，但只要频率足够高，就会产生一些高能量光子来促使束缚电子逃逸。尽管光束的光强度很剧烈，但是由于频率太低，无法给出任何高能量光子来促使束缚电子逃逸。

凭借"光电效应"的发现，爱因斯坦获得了 1921 年的诺贝尔物理学奖，才让我们对如此平常的光有了进一步的认识。后来的十多年里，爱因斯坦对光的研究一直没有停止，也正是他的研究为发现镭射奠定了重要的基础。

正因为人们对光的不断研究，我们的现代生活才会发生如此大的改变。例如，互联网就是建立在光纤等通信设备上的，其应用就来自对光量子的研究。再如，在化石能源日益枯竭的今天，人类社会对能源的需求却日益增多，所以，寻求新的可再生能源技术迫在眉睫。其中，太阳能就是清洁的可再生能源，获得太阳能的关键是充足的阳光，在这个过程中，光量子的参与相当重要。作为地球上所有能量的来源，太阳本身蕴藏着无穷无尽的能量，研究发现太阳的能量来自内部无时无刻不在进行的聚变反应（核融合反应）。于是，人们开始研究如何在地球上掌握这一超级技术，一旦成功，将彻底解决人类的能源问题，其中一种重要的手段便是用超大功率的镭射。

此外，镭射还在医疗领域有着出色的表现，如利用镭射来治疗近视。镭射还被应用在灯光照明、测距等方面。

人类对光的认知不仅给生活带来了极大的便利，而且在现代物理学中也有许多重要的应用，由"光电效应"所带来的新的课题几乎影响了整个现代物理学的研究范畴，如新兴的各种量子材料、对超导体的研究等。

无论是普朗克提出了量子假说，还是爱因斯坦发扬了普朗克的量子假说，都为科学家了解量子奠定了重要的基础，这对物理学乃至对整个人类社会都是非常巨大的贡献。

1.4 何为量子，何为力学

1.4.1 量子是不是粒子

虽然普朗克和爱因斯坦将人类带进了量子物理领域，但问题是，量子到底是什么呢？

在认识量子之前，我们先来认识一下物质世界。实际上，从古至今，人们一直在探寻物质的组成。《庄子》里有这样一句话："一尺之棰，日取其半，万世不竭。"意思是有一个一尺长的物体，今天取它的一半，明天再取它的一半，这样一直取下去，永远也取不完。其中所包含的深意在现代看来，即物质可以被无限分割，永远不会穷尽。

那么，到底什么才是构成这个世界的最基本单位呢？在一代又一代科学家的不断探寻下，人类终于发现了迄今为止能观测到的最小的物质——基本粒子。在现代物理学中，标准模型理论指出，世界上存在着 62 种基本粒子，它们是构成世界的基石，一切都是由这 62 种基本粒子组成的。这个发现的历程是蜿蜒曲折的。

20 世纪初，物理学的突破使世界进入了原子时代，科学家发现原子中有电子核，而电子核周围还有围绕其转动的电子。原子本身是极其微小的，而原子里面的原子核就更加微小了。例如，氢原子的半径约 $5.3×10^{-11}$m，即 0.053nm，而氢原子核的半径约 $8.8×10^{-16}$m，即 0.88fm。氢原子的半径大约为氢原子核的 6 万倍。假如把氢原子看成地球，半径约 6 400km，那么氢原子核的半径也就只有 107m 左右，相当于一栋 35 层楼的高度。随着科学技术的发展，人们发现，如此微小的原子核，还可以继续分割成更小的物质。

这些组成原子核的物质，可以被分为很多种类。刚开始时，科学家发现了光子、电子、质子和中子四种基本粒子，后来又陆续发现了正电子、中微子、变子、超子、介子等，这些粒子都可以称为基本粒子。基本粒子在宏观世界看来都是极其微小的，其中，质子和中子相对较大，但是它们的直径也只有大约十万亿分之一厘米，除了质子和中子，其他的基本粒子的大小就更是微乎其微了，一个中微子大小只有一个电子大小的万分之一，而一个电子大小只有一个质子大小的二千分之一左右。

这些基本粒子虽然微小，但都是有质量的。其中，光子很特殊，它的静止质量为 0，一个 40 瓦的灯泡，1 秒发出的光子都是以万亿个计算的。质量最大的基本粒子是超子，它是质子质量的 340 倍，但其存在时间是极短的，只有百亿分之一秒。

基本粒子还有一些很有趣的现象，如在某些情况下，它们能互相转化，成为彼此。例如，正电子和电子，它们具有一样的外表、质量和电荷量，只不过一个带正电，一个带负电，一旦它们碰撞在一起，便会转化成光子。又如，质子和反质子相遇可以转变为反中子等。

现代物理学指出，这些基本粒子的这种有趣的现象就是"对称性"，即只要存在一种粒子，那么一定存在这种粒子的反粒子，正反粒子相遇时会产生湮灭现象，变成带有能量的光子，即物质转化成能量；相反的是，高能粒子相互碰撞，也有可能会产生新的正反粒子，即能量可以转化成物质。也就是说，物质和能量是可以相互转换的。

不仅如此，随着科学技术的发展，人们发现基本粒子是由更加微小、更加基本的"基本粒子"构成的。例如，在质子中还有更小的物质——夸克（quark），而反粒子则是由反夸克组成的。即便是现代最先进的电子显微镜，也不能直接观察到夸克，科学家只能通过实验证实它们的存在。

已知的夸克有 6 种，分别是上夸克（up quark）、下夸克（down quark）、魅夸克（charm quark）、奇夸克（strange quark）、顶夸克（top quark）、底夸克（bottom quark）。夸克是现代物理所能推导出来的极限小的物质，没有人知道夸克是否可以再分，以及是否有更加基本的物质存在于夸克中。如果物质是可以无限再分的，那么世界上就不存在"基本粒子"一说，任何物质都可以无限地分下去。

量子正是存在于这样的微观世界里。在旧量子力学时代，也就是普朗克刚刚提出量子这个概念的前十几年里，量子往往代表着一种物理量，这个时候，我们把量子理解为一份一份不连续的不可分割的基本单元，这也是量子这个词的拉丁语本义，即代表物质的多少。

特别要指出的是，这里的量子并不是指某一种实际粒子，如前面提到的原子、电子、质子等，而是一个虚的概念，除非某些特定场合把它和具体的名词结合起来，才会代表特定的某种粒子。例如，光量子，也就是光子，它指的是光的基本能量单元。

可以想象，我们爬一座山，连续爬就像走一个平缓的斜坡，每步走多少都可以，半米也行，一米也行，而不连续爬则类似上台阶，我们的每步都只能上台阶的整数倍，上一层台阶或者两层台阶，但不能只上半层台阶，这里的每级台阶就是不可分割的基本单元。

自普朗克之后，很多物理学家开始不断完善量子理论。在 20 世纪上半叶，那个物理学蓬勃发展的年代，经诸如爱因斯坦、薛定谔、狄拉克、海森堡等人的研究，一套量子理论逐渐建立起来，量子力学进入新时代。

在新量子力学时代，"量子"一词更多地表示为一种性质，如不确定性、波动性、叠加态等包含量子效应的性质，也可以直接理解为"波粒二象性"，而这也是量子世界的根本特性。波粒二象性是于1924 年，由德布罗意在爱因斯坦"光量子"假说的基础上提出来的"物质波"假说。德布罗意认为，既然波的光可以是粒子，那么粒子也可以是波，如电子就可以是波。因此，和光一样，一切物质都具有波粒二象性。

与牛顿力学描述的宏观世界不同，量子理论被用来描述微观粒子，自此，人类才开始充分认识所处的世界。

1.4.2 量子世界的力学

当然，量子世界除了有量子，还有力学。

力学其实就是研究物质机械运动规律的科学，而经典力学则是研究宏观物体做低速机械运动的现象和规律的学科。宏观是相对于原子等微观粒子而言的，低速是相对于光速而言的。物体的空间位置随时间变化称为机械运动。人们日常生活直接接触到并先加以研究的都是宏观的低速机械运动。

自远古以来，由于农业生产需要确定季节，所以人们进行了天文观察。16 世纪后期，伽利略的望远镜让人们可以对行星环绕太阳的运转进行详细、精密的观察。17 世纪，开普勒从这些观察结果中总结出了行星运动的三条定律。几乎在同一时期，伽利略进行了落体和抛物体的实验研究，从而提出关于机械运动现象的初步理论。牛顿深入研究了这些经验规律和初步的现象性理论，发现了宏观低速机械运动的基本规律，为经典力学奠定了基础。

不同于经典力学，量子世界的力学主要表示物体的某种运动，而不一定就是某个实实在在的力。虽然也会涉及强力、弱力、电子力，但是称其为量子力学，更多还是为了区别于经典力学中那些传统的运动方式，而且能够称为力学的学科，一般都有严格的数学方程和非常精确的研究内容。

量子力学虽然是一门非常神秘又深奥的科学，但也是基于客观现象发展起来的一套理论，而且实验的精度和理论预测的准确度都非常高，甚至可以说是目前所有科学理论中最准确的。

就拿费曼曾经举过的一个例子来说，对于电子的反常磁矩，基于量子电动力学纯理论计算的结果和真实实验测量的结果，相当于测量美国东海岸的纽约与西海岸的洛杉矶之间的距离，而误差仅为一根头发丝的粗细，这足以见得量子力学是多么精确的理论。且一个多世纪以来的诺贝尔物理学奖，有一大半都颁给了量子力学相关的研究，所以有人说，量子力学是目前人类智力征程中的最高成就。

到这里，我们也就能对量子力学形成一个初步印象了，量子力学神秘又颠覆，科学又精确，矛盾但依然遵循着一定的逻辑，或许，这正是量子力学吸引这么多物理学家前赴后继为其付出努力的魅力所在。

问路量子科技

第 2 章 从迷途到新生

2.1 初涉原子世界

普朗克提出的量子假说成功地将人类带入了量子世界，但正如量子物理的奠基人尼尔斯·玻尔所说："如果谁不对量子力学感到困惑，他就没有理解它。"对于当时的物理学家来说，量子世界依然神秘而陌生。量子力学理论刚刚起步的前十年，也是迷茫的十年，如何站在微观角度理解微观粒子，就是其起步的第一站。

2.1.1 卢瑟福：从粉碎土豆到粉碎原子

现在我们已经知道，所有物质都是由分子和原子组成的，分子是由两三个或很多个原子结合而成的。物质特性的奥秘，就在于分子、原子的内部。原子半径通常是一亿分之几厘米的量级，在光学显微镜下才能看到的细胞，也比它们大至少一万倍。只有当研究分子、原子的内部结构时，我们才能进入微观世界，而带领我们进入微观世界的一个重要人物，就是卢瑟福。

卢瑟福是英籍新西兰人。1895 年，卢瑟福收到剑桥大学的录取
通知书时，他正在地里挖土豆。而就是这个挖土豆的年轻人，后来发
现了微观世界原子的秘密。

卢瑟福研究的主要方向，是在贝克勒尔的基础上继续对放射性进
行深入的探索。1896 年 3 月，贝克勒尔发现，与双氧铀硫酸钾盐放
在一起但包在黑纸中的感光底板被感光了。贝克勒尔推测，这可能是
因为铀盐发出了某种未知的辐射；同年 5 月，他发现纯铀金属板也能
产生这种辐射，从而确认了天然放射性的存在，但这还只是发现，贝
克勒尔自己都不知道放射出来的射线到底是什么。

在此基础上，通过磁场，卢瑟福发现天然放射物放射出来的射线
分为两束，一束向上偏转，一束向下偏转，说明这两束射线的电性不
一样，一束带正电，一束带负电，带正电的叫 α 粒子，带负电的叫 β
粒子。卢瑟福因这个发现，获得了 1908 年的诺贝尔物理学奖。而卢
瑟福更被人称道的工作是发现了原子核（atomic nucleus）和质子
（proton）的存在。由于发现了原子核，他被后人称为"原子物理之
父"，用卢瑟福自己的话说，就是"我年轻时粉碎土豆，年长了粉碎
原子"。

具体的过程还要回到卢瑟福把 α 粒子分离出之后——1909 年，
卢瑟福做了他一生中最重要的实验。在这个实验里，卢瑟福决定用 α
粒子流轰击金箔，结果大部分的 α 粒子都穿越而过，连一个小小的偏
转都看不到，但也有极少数的粒子以大角度被弹了回来。

根据卢瑟福的老师汤普森的原子模型，原子的正电荷均匀分布在
原子里面，而电子的质量又远远小于 α 粒子，所以带正电的 α 粒子可

以毫无阻碍地穿过原子，最多发生一些小角度散射。那么，卢瑟福实验中少量 α 粒子撞击金箔发生的大角度散射又是怎么一回事呢？根据这个实验结果，经过深入分析和思考，卢瑟福最终大胆地推翻了老师汤普森的原子模型，建立了自己的原子模型。

卢瑟福认为，大部分 α 粒子直穿而过，是因为原子内部存在巨大的空间；极少数粒子被弹了回来，是因为原子内部有一个很小的硬核。于是他设想了一个模型：一个非常小的带正电的原子核，周围有很多带负电的电子。带负电的电子并不附着在原子核上，而是沿着固定的轨道绕着原子核做圆周运动，这就是卢瑟福的原子模型，这个模型与地球绕着太阳转很像，所以又叫作行星模型。

根据卢瑟福的原子模型，大部分 α 粒子会从原子内部巨大的空间中穿越而过，即使撞到电子，但由于 α 粒子比电子质量大 7 000 多倍，结果也是电子被撞飞，而 α 粒子的运动轨迹不受影响。但是，当 α 粒子非常接近原子核时，便会被弹回去，这是因为两个带正电的粒子之间会形成很强的排斥力，而且原子核比 α 粒子的质量大很多。

卢瑟福让人类认识了一个全新的微观世界，在卢瑟福的原子模型下进一步探究，我们才能窥见与宏观世界全然不同的微观世界。在原子的微观世界里，原子是由原子核和外围的电子组成的，原子核半径只有原子半径的十万分之一。也就是说，把原子放大到一个住宅小区的大小，原子核还没有一颗葡萄大。可以想象，原子内部有多么空旷。

也就是说，微观世界几乎完全是空的。在我们的感官世界里，可以实实在在地触摸每个物体。物体都有确定的表面、尺寸和位置，但从原子的角度看，一切都是模糊的。我们看到的物体的形状和颜色，都是物体原子对不同频率的光子的选择性反射的结果。

2.1.2　玻尔：挽救不稳定的原子核

虽然卢瑟福提出了全新的原子模型，但其原子模型仍存在理论的局限——没有明确指出电子是如何分布在原子里的。根据卢瑟福的原子模型，一个在做圆周运动的电子，能产生一个交变的电磁场，这个电磁场又会让它不停地发射电磁波，电磁波是能量，所以电子会不停地损耗能量，随着能量的损耗，电子会越来越靠近原子核，最终撞向原子核。所以，根据卢瑟福的原子模型，原子不可能稳定。

面对卢瑟福未能回应的问题，量子力学发展史上的另一个重量级人物出场了，这个人就是玻尔。

1885 年，玻尔在丹麦哥本哈根出生，从小成绩优异，尤其在理科方面。1911 年，玻尔 26 岁，刚刚获博士文凭，凭借优异的成绩和丰富的学术经历，他来到了卢瑟福所在的剑桥大学实验室。

就在这一年，卢瑟福推出了自己的原子模型，一时间名声大噪。卢瑟福在剑桥大学做报告，玻尔听后，找到卢瑟福，希望跟随他学习知识，得到了卢瑟福的同意。于是，卢瑟福带着玻尔去了曼彻斯特大学做教授。他们的第一个课题就是研究原子内核怎样才能稳定，按照当时的经典电磁学理论，电子如果不停地绕核运动，就会不停地产生电磁波，向外发射能量，所以原子最后都会塌缩，不可能稳定，可是原子塌缩并没有出现。卢瑟福把这个问题交给了玻尔。

26 岁的玻尔先想到，卢瑟福的原子模型可能本身就有问题。他听过普朗克和爱因斯坦的量子假说，于是，玻尔就套用了能量不能延续的方式，假设电子的轨道不是一条，而是很多条，这些轨道也不是连续的，玻尔称它们为分立轨道，而电子只能在这些分立轨道上运行。简单理解，就像楼梯一样，一个人只能站在台阶上，不可能站到两个台阶中间。因为轨道已经被量子化了，如果一个电子想从一条轨道到另一条轨道上，只能闪现过去，也就是跃迁。

在玻尔的设想下，电子的轨道周转就这样被量子化了。所谓量子化，其实就是不连续，即有段距离不是直接移动过去的，而是像游戏里一样闪现到目的地的。电子轨道的量子化让很多物理量也随之量子化了，如半径，因为轨道只能取特定值，轨道的半径也是特定值；再如能量，每条轨道上的能量都是固定的，所以能量也是不连续的，不同轨道的能量取值都是特定值，中间没有平缓的过渡。

虽然玻尔的设想看起来实在有些大胆和激进，但成功解决了原子的稳定性问题。正如前面所说的，电子如果绕核运动就会发射电磁波，所以才不稳定，但是按照玻尔的说法，电子只要在分立的轨道上运行，就不发射电磁波了，只有在跃迁的时候，才有可能发射或吸收电磁波。

玻尔还认为，宏观和微观只是人为的规定，并没有一个明显的分界线。因为轨道的量子化应该有个平缓的过渡，当它逐渐向外延伸时，就变成宏观问题了，也就是这些轨道连续了，它就失去了量子效应，这套原理后来被玻尔称为互补原理。

紧接着，玻尔开始尝试把他的想法变为公式，推导每条轨道的能级公式，也就是说电子在这条轨道上能有多少能量。花费了四个月的时间，玻尔推算出了一套完整的公式。遗憾的是，当他把研究成果拿给卢瑟福看时，卢瑟福并没有认同。

这也不难理解，卢瑟福本来是让玻尔研究原子怎样才能稳定的，可玻尔却推算出一套新的原子模型，对原子稳定性的解释看起来还那么牵强。于是，卢瑟福当时拒绝了发表玻尔的研究成果。由于当时发表论文必须得到指导老师的签字，因此，玻尔的论文也就没有发表成功。

后来，玻尔回到家乡成婚，遇到了研究光谱的大学同学汉斯。在聊天中，汉斯了解到玻尔在研究原子稳定性的问题时遇到了麻烦，于是，汉斯向玻尔介绍了巴尔末公式，尽管巴尔末公式只是研究原子的最基础公式，却成功启发了玻尔——因为玻尔的能级公式与巴尔末公式很像。于是，玻尔随即给卢瑟福写信。这一次，卢瑟福终于明白了其中的原理。玻尔的论文发表于英国权威的杂志上，毫不意外地成为划时代的论文。

玻尔总结了前人的工作，认为原子中的电子所吸收和释放的能量都是以不连续的能量子的状态存在的。与此相对应，电子在原子中所处的可能的势能位置也必须是离散的，这些位置称为能级，电子在能级之间的移动称为跃迁。由于电子不能出现在这些能级之外的任何位置，因此它们不会落在原子核上而导致灾难性的湮灭。玻尔的理论成功地"挽救"了原子的有核模型，并将离散化的思想贯彻到亚原子领域。这是人类第一次解释了光谱问题，自此，玻尔成了与爱因斯坦齐名的 20 世纪最伟大的物理学家之一。

2.1.3　旧量子理论的迷途

从普朗克的黑体辐射公式，到爱因斯坦在研究光电效应时提出的"光量子"假说，再到玻尔在分析原子光谱规律的基础上提出了氢原子的量子理论，量子科学不断地发展更新。在玻尔提出氢原子的量子理论后，索末菲尔德很快就推广了玻尔的理论，他认为任何物理体系都可能处于分立的"稳态"，并且给出了更一般的"量子化"规则。

利用这个推广的理论，索末菲尔德发现原子中的电子应该具有三个量子数而不是玻尔理论中的一个，并且他的量子理论可以解释更多的与原子相关的现象，如塞曼效应、斯塔克效应等。塞曼效应和斯塔克效应是两个互为对照的效应，一个是外磁场引起的原子（或者分子）谱线的分裂，另一个是外电场引起的原子谱线的分裂。

不过，以上理论都还是早期的量子理论或旧量子理论。究其原因，这些理论虽然打开了量子世界的大门，但只是经典理论与量子化条件的混合物，要真正解释微观粒子运动还存在一定的困难。

实际上，在 20 世纪初二十多年的时间内，物理学家取得的进展非常有限，所有的讨论几乎都是围绕能量的"量子性"展开的：辐射的能量是一份一份的；电子只能处于一些分立的能级。唯独爱因斯坦的"光量子"假说——现在人们熟知的波粒二象性的起点——是个例外，但在当时，没有人继续发展和推广这个假说。

回头看，这段时期的量子理论充满了局限，到处是缺陷和漏洞：普朗克黑体辐射公式的推导是错误的；爱因斯坦固体比热理论是通过类比得到的；玻尔几乎是用一种拼凑的方式得到氢原子能级的。

正如普朗克所说，"量子化只不过是一个走投无路的做法"，玻尔也清楚地知道自己理论的不足。其理论描述得最好的原子是氢原子，但即使对于氢原子，玻尔的理论也只能预言谱线的频率，无法描述谱线的强度，也不能预测氢原子中释放出来的光子的偏振。

为了完善自己的理论，玻尔提出了一个半直觉的对应原则：电子在能级间的跃迁概率可以用经典的麦克斯韦方程描述。结合爱因斯坦的自发辐射和受激辐射理论，玻尔成功地得到了能级间跃迁的选择定则。荷兰物理学家克雷默斯利用这个对应原则得到了所有氢原子光谱线的强度和偏振，与实验结果完全吻合。

但是人们很快就发现玻尔-索末菲尔德理论有很多缺陷，无法解释很多实验现象。可以说，对应玻尔-索末菲尔德理论的每一次成功，就有一次失败。玻尔-索末菲尔德理论不能描述任何具有两个或两个以上电子的原子或分子。例如，它无法给出氦原子的谱线，不能描述分子间的共价键。

在一个接一个问题的暴露下，科学家终于认识到，这种刚刚诞生的新理论必须做出根本的变革，甚至要改变基本假设。于是，关于量子力学理论的一场革新开始酝酿。

2.2　量子力学除旧迎新

旧量子力学时期，玻尔迈出了决定性的一步，他提出了一个激进的假设：原子中的电子只能处于包含基态在内的定态上，电子在两个定态之间跃迁而改变它的能量，同时辐射出一定波长的光，光的波长取决于定态之间的能量差。结合已知的定律和这一离奇的假设，玻尔扫清了原子稳定性的问题。

虽然玻尔为氢原子光谱提供了定量的描述，但这一理论却充满了矛盾，这使得当时的物理学家在发展玻尔量子论的尝试中，遭受了一次又一次的失败，直到波粒二象性的提出，才彻底解开了旧量子力学时期物理学家的困惑。现在，波粒二象性被认为是量子世界的根本特性。

2.2.1　波粒二象性：量子世界的根本特性

从传统的物理学理论看来，波和粒子的属性是无法兼容的。波可以出现在整个空间之中，在某个点互相叠加和干涉，不同的波可以出现于同一个位置，而粒子则意味着该物体存在于空间中的某一个具体的位置，且会排斥其他粒子的存在。

这种矛盾的存在，曾经深深地误导了物理学家，他们纯粹从粒子的角度研究微观粒子，在完美解释一些结果的同时，又面临着被他人的新发现推翻的窘迫困境。爱因斯坦率先打破了这个僵局，他在光电效应的解释中，提出了光量子的概念，大胆预测光同时具有波和粒子这两重性质。

后来，罗伯特·密立根的实验让爱因斯坦的光电效应得到证实。但是，麦克斯韦方程组却无法推导出爱因斯坦提出的非经典论述。在这种情况下，物理学家被迫承认，除波动性质外，光也具有粒子性质。从这个时间点开始，波与粒子不相容的传统观念被打破了。

受爱因斯坦研究的启发，法国物理学家德布罗意产生了一个大胆的想法：既然人们在研究光的时候，只关注了波的属性而忽略了粒子的属性，那么对微观粒子的研究，是否犯了类似的错误？人们是否忽略了粒子可能具有的波动性呢？

1924 年，德布罗意在爱因斯坦"光量子"假说的基础上，把光子动量与波长的性质做了拓展延伸，正式提出了"物质波"假说。德布罗意认为，既然波的光可以是粒子，那么粒子也可以是波，如电子就可以是波。因此，与光一样，一切物质都具有波粒二象性。

所有的物质都具有波粒二象性，这个大胆的假设轰动了整个学术界。粒子与波是完全不同的两种物质形态，按照经典物理的观点，二者根本不可能融合在一起。但爱因斯坦赞赏地认为："一幅巨大帷幕的一角卷起来了。"德布罗意的假设让所有的亚原子粒子，不仅可以部分地以粒子的术语来描述，也可以部分地用波的术语来描述。

德布罗意在他的博士论文里围绕这个观点开展了大量的定量讨论。首先，他认为，如果一个粒子的动量是 p，那么它的波长是 $\lambda=h/p$。其次，他认为，既然电子是波，那么电子围绕质子就会形成驻波。依照这个思路，德布罗意重新推导出了玻尔的氢原子轨道和能级。最后，德布罗意预言，电子也会发生散射和干涉。果不其然，德布罗意的这一预言在电子的双缝干涉实验中得到了证明。后来，其他微观粒子的波粒二象性陆续被证明，德布罗意本人也因为这个天才的假说获得了诺贝尔物理学奖。

2.2.2 薛定谔方程：量子理论的关键一步

德布罗意的波粒二象性给了另一位大名鼎鼎的物理学家以启示，这位物理学家就是我们熟知的薛定谔。

薛定谔出生于维也纳，他的父亲是一名手工业主，因此，薛定谔童年的生活非常舒适，在学校接受了良好的教育。在学校里，薛定谔找到了自己的兴趣，致力于证明古希腊哲学与欧洲科学起源之间的联系，充分展露出自己作为一名哲人科学家的潜质。对于哲学的热爱和迷恋，对薛定谔日后理解现代科学，特别是量子物理学带来了很大帮助。

在维也纳大学里，薛定谔一直醉心于自己的科学研究，虽然中间曾被兵役和战争打断，但是他始终不曾放弃对科学的热爱，并在这段时间里发表了许多学术论文，在物理学界崭露头角。从维也纳大学毕业后，薛定谔赴苏黎世大学任教，终于结束了居无定所的生活，摆脱了战争的阴影，开始潜心研究。

1925 年，薛定谔受邀在一次研讨会上讲解关于波粒二象性的博士论文时，一位同行的提问让他受到了启发，当即，薛定谔就决定找到能够正确描述氢原子的束缚电子的波动方程式。

1926 年 1 月 27 日，学术期刊《物理年鉴》（*Annalen der Physik*）收到了薛定谔的论文稿，在论文里，薛定谔提出了著名的物质波运动方程（薛定谔方程）和波函数，并利用它们给出了氢原子的正确能级。

薛定谔方程，提供了系统和定量处理原子结构问题的理论，也"解救"了许多物理学家——每个微观系统都有一个相应的薛定谔方程，只要对这个方程进行求解，就可以得到波函数的具体形式。除物质的磁性及其相对论效应外，薛定谔方程还能在原则上解释所有的原子现象，是原子物理学中应用最广泛的公式。

值得一提的是，薛定谔方程是非相对论的波动方程，不涉及电子自旋的情况，所以，在研究涉及电子自旋以及相对论效应的微观粒子时，就应该用相对论量子力学方程式代替它。

到了这里，我们就可以过渡到量子力学的另一个基本假设，也就是量子态的演化假设，即微观粒子的波函数随时间变化的规律遵从薛定谔方程。而所谓的量子态，就是用来表述量子力学中粒子的运动状态，它本身可以用一组量子数进行表征。量子态的特性就是可以叠加，可随意组合。例如，关在一个盒子中的粒子，可以在盒内的左侧，也可以在盒内的右侧。

因此，对于量子力学，我们就可以有一个通俗的理解：波粒二象性和波动方程告诉我们，量子的状态可以用一个波函数去表述，量子态则提供这个波函数的求解想法。薛定谔方程作为量子力学最基本的方程，地位十分重要，甚至可以和牛顿力学方程在经典力学中的地位相媲美。

不过，作为量子力学理论的一个假定，薛定谔方程需要通过实验去检验其正确性。实际上，薛定谔方程的使用是有条件的，它需要指定初始条件和边界条件，并且保证波函数满足单值、有限、连续的条件，同时应不涉及相对论效应和电子自旋。另外，薛定谔方程可以解出类似于氢原子中的电子这样的简单系统，而复杂系统却只能近似求解。

还需要注意的是，薛定谔方程的解有主量子数、角量子数、磁量子数这三个量，但是要想完整地描述电子的状态，必须有主量子数、角量子数、磁量子数和自旋磁量子数这四个量。其中，自旋磁量子数虽然不能通过薛定谔方程解出来，却可以在实验中得到。

薛定谔方程虽然不能说是完美的，但还是解决了当时物理学家的难题，为量子力学的进一步研究奠定了基础。薛定谔本人也因此获得了诺贝尔物理学奖。

2.2.3　双缝干涉实验：寻找光的答案

双缝干涉实验可以说是物理学史上的一个经典实验，也被人们认为是最离奇的实验之一。实际上，在波粒二象性还未被提出前，双缝干涉实验就已经为展示光子或者电子等微观物质所能呈现的波动性和粒子性而存在。简单来说，通过双缝干涉实验，我们能够知道光究竟是以粒子还是波的形式存在的。

从实验操作上看，双缝干涉实验并不难。最初版的双缝干涉实验发生于 1807 年，由英国科学家托马斯·杨发起，因此，双缝干涉实验也被称为"杨氏双缝实验"。在此之前，物理学界一直坚持牛顿的看法，认为光是以"粒子"的形式存在的。而托马斯·杨则坚持认为，光实际上与声音的传播形式类似，这也代表了光在托马斯·杨眼中是有可能以"波"的形式存在的。

最初，托马斯·杨准备了一根蜡烛、一块留有两条缝隙的遮挡板，以及一面墙壁便展开了这项实验，如图 2-1 所示。在实验过程中，托马斯·杨先是将蜡烛点燃，使光源出现；紧接着将蜡烛放置在遮挡板前，开始观测遮挡板在墙壁上所呈现出的模样。按照假设，如果光是粒子，那么它便会直接穿过双缝，在屏幕上显现出两块明显光斑；而如果光是波，那么在传播过程中便会如同"水波"般相互干涉，在屏幕上呈现出明暗相间的条纹。通过实验，托马斯·杨发现在屏幕上出现了条纹，而这个条纹在后来被人们称为"干涉条纹"。干涉条纹的出现，证明了光是以"波"的形式存在的。

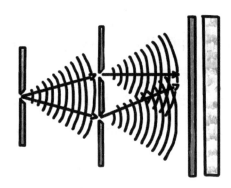

图 2-1　双缝干涉实验

但在 19 世纪初，托马斯·杨的初代双缝干涉实验结果却没有被物理学界认同，而我们今天之所以知道光是一种波，还是因为爱因斯坦提出的光电效应。

双缝干涉实验虽然在当时没有获得认同，但是随着爱因斯坦的光电效应和德布罗意的波粒二象性假设的提出，双缝干涉实验再次获得了关注——尤其是在不断升级的争议下，双缝干涉实验也得到了不断升级，越来越多的物理学家开始重新做起双缝干涉实验，以求寻找"光"的答案。

1909 年，杰弗里·泰勒首次设计并完成了单光子的双缝干涉实验，也就是每次只发射一个光子。但是严格来说，这个实验只能算是"弱光源"，而非严格意义上的单光子源。

无论是一束光还是单个光子，光具有波动性还不足为奇，人们更好奇的是德布罗意说的物质的波动性。作为有质量的粒子，电子就是一个非常适合用来做实验的"物质粒子"。1961 年，图宾根大学的克劳斯·约恩松提出了一种单电子的双缝干涉实验。1974 年，皮尔·梅利等用制备的单电子源，第一次做成了单电子的双缝干涉实验。随着一个个电子打在屏幕上，一幅具有干涉条纹特征的图像出现在人们面前。

这一切预示着：电子似乎真的同时通过了两条狭缝，自己与自己发生了干涉。这证明，电子确实是波，德布罗意的物质波理论也是完全正确的。而微观粒子波粒二象性的发现，推动了电子显微镜、电子绕射技术和中子绕射技术的发展，使人们有了更加合适的工具去探测和分析物质的微观结构和晶体结构。

可以说，双缝干涉实验完美演示了量子力学中的波粒二象性。当然，双缝干涉实验令人诧异的不止于此，更大的发现还在后面。

在经典力学里，当一个小球通过两个狭缝时，狭缝后的接收屏上会出现两片痕迹，这很正常，也是合乎逻辑的。不过，如果两片痕迹挨得很近，那么真实的图像看起来很可能是一大片印记。但是同样的场景如果缩小到量子尺度，把小球换成光子、电子这样的微观粒子，那么实验结果将截然不同，就如前面所说的：接收屏上出现了很规律的干涉条纹。

出现了干涉，这说明存在两个物体，但问题是电子是一个个发射的——下一个电子是在上一个电子已经到达接收屏后才发出的，所以干涉肯定不是不同电子之间的行为。这就是实验的第一个诡异之处：电子似乎有"分身术"一样，同时穿过了两条狭缝，自己与自己发生了干涉。

为了搞清楚电子到底有没有真的使用"分身术"，1965 年，美国科学家理查德·费曼设计了这样一个实验，就是在双缝旁边安装一个观测仪器，来观察一个个电子究竟是从左缝穿过的，还是从右缝穿过的。后来，科学家对这个实验进行了实际验证，结果发现，如果观察一个个电子的运动路径，电子就会失去波特性，后面的屏幕上不再出现干涉条纹，只有代表粒子特性的两条光斑。如果停止观察，干涉条纹再次出现。也就是说，你看它，它就是电子；你不看它，它就是波。换言之，电子似乎能够知道自己是否被观察，而展示出不同的行为特征。这就是第二个诡异之处。

诡异的现象让物理学家感到惊奇，为了进一步探究电子是如何判断自己是否被观察的，物理学家升级了这一实验。

1979 年，在纪念爱因斯坦 100 周年诞辰的研讨会上，善于"开脑洞"的惠勒，提出了著名的"延迟选择实验"的构想：如果我们在电子"同时"通过两条狭缝，甚至是打在了屏幕上之后，再通过某种特殊的方式，获知电子究竟走到哪条狭缝，那么屏幕上的干涉条纹还会存在吗？

为了不让电子提前做决定，科学家把探测器放在狭缝后面，先让电子通过狭缝，再去看它是从哪条狭缝过来的。实验结果是：电子的行为和之前一样，仍然是开了探测器就走一条狭缝，不开探测器就同时走两条狭缝。

这是第三个诡异之处，也是物理学家认为这一系列实验最诡异的地方：电子不但知道自己此刻有没有被观察，还能"预测"自己未来是否会被观察。或者可以说：它在知晓自己被观察后，竟然能够改变自己过去的行为。

作为历史上最离奇的实验之一，双缝干涉实验大大颠覆了物理学家对于物质存在的看法。后来，通过实验，物理学家才知道量子很有可能是存在着"叠加态"与"量子坍缩"现象的。当一个光子从光源处发射后，它既可以是一种波，也可以是一种粒子，光既通过了左边的缝隙，同时也通过了右边的缝隙，这就是所谓的叠加态。

2.3　宏观世界的精度革命

无论是波粒二象性的发现，还是电子的双缝干涉实验，虽然看起来都玄妙无比，却也给量子理论带来了重要的应用启示。基于波粒二象性诞生的一个重要的应用，就是量子测量。

2.3.1　从经典测量到量子测量

在经典力学的世界里，也就是在非量子物理学中，"测量"被定义为一种获取一个物理系统中某些属性相关信息的行为，无论这一系统是物质的还是非物质的。获取的信息包括速度、位置、能量、温度、音量、方向等。

这种对测量的定义，一方面，会让人认为一个物理系统自身所具有的每个属性都有一个确定的值，甚至是一个注定的值，在测量开始前就已确定；另一方面，这种如此直观和自然的定义也会让人们觉得所有的属性都是可以测量的，且获得的信息无一例外地忠实反映了被测量的属性，即不受测量工具和测量者的影响。

也就是说，在经典力学的世界里，物体的状态是可以被测量的，并且测量行为对被测对象的干扰可以忽略不计。然而，在持续了多个世纪以后，这种对于测量的认识却因为 20 世纪初量子力学及相对论的诞生发生了彻底改变。

在量子层面，对一个物理量进行观察或测量，得到的结果是随机的，就像在双缝干涉实验中一样，粒子的路径会在被观察时突然改变。人们能够知道且可以肯定的是，这些结果会出现的概率。这有点像彩票箱里装的小球，每一个球被摇出来都是随机的，且摇到每个球的概率是完全相同的。

这些概率与研究对象波函数的性质直接相关。所谓的"波"，就是薛定谔在德布罗意的研究基础上提出来的——任何物体（无论是物质的还是非物质的）都有与之相关的波。这是一种数学上的波，也叫波函数——一种描述量子态的函数。如果要测量位置信息，只要掌握了波在某一处的强度后，我们就能通过适当的测量得出物体在这一处出现的概率。

因此，一个物理系统的薛定谔波就可以被看作一个量子态的特殊呈现。这种特殊呈现取决于系统中每个组成部分的位置（量子态的位置表征）。

量子物理学认为，任何一个量子态都可以用某些特殊的状态来表示。这些特殊状态叫本征态，它与所进行的测量操作直接相关。测量本征态的定义也非常简单：能得出确定的测量结果的所有状态都是本征态。

由于波函数的坍缩，即在测量之后，被测量的物理系统会瞬间坍缩至与测量结果相对应的本征量子态。因此，经过测量之后，系统的量子态就可以被很好地确定下来并能被人们准确地获知。

不仅如此，从量子的角度来看，在量子计算、量子通信等领域，量子系统的量子状态极易受到外界环境的影响而发生改变，严重地制约着量子系统的稳定性和健壮性。量子测量正是利用量子体系的这一"缺点"，使量子体系与待测物理量相互作用，引发量子态的改变从而对物理量进行测量。

基于此，通过对量子态进行操控和测量，对原子、离子、光子等微观粒子的量子态进行制备、操控、测量和读取，配合数据处理与转换，人类在精密测量领域跃迁至一个全新的阶段，实现对角速度、重力场、磁场、频率等物理量的超高精度测量。

2.3.2　进击的量子测量

量子测量，是利用量子特性获得比经典测量系统更高性能的测量技术，具有两个基本的技术特征：一是操控观测对象是人造微观粒子系统，二是系统与待测物理量的相互作用会导致量子态的变化。

从具体步骤来看，量子测量技术主要包括量子态初始化、与待测物理量相互作用、最终量子态的读取、结果处理等关键步骤。而按照对量子特性的应用方式不同，量子测量又可以分为三种技术类型：一是用量子能级测量物理量，主要特征为具有分立能级结构；二是使用量子相干性或干涉演化进行物理量测量；三是使用量子纠缠态和压缩态等独特的量子特性来进一步提高测量精度或灵敏度。

实际上，量子测量的三种技术类型也对应了三个演进阶段。以在通信网络中广泛应用的原子钟为例，从 20 世纪 50 年代就开始研究的原子钟，采用原子在超精细能级间跃迁来进行时间标定，可为通信系统提供高精度授时和网络时间同步。由于原子在室温下热运动剧烈，相干时间短，原子间的碰撞和多普勒效应会导致频谱展宽，限制了时间测量的精度。因此，冷原子钟开始运用激光冷却技术将原子团冷却至绝对零度附近，抑制原子热运动，利用泵浦激光进行选态，提高相干时间，利用原子能级间的相干叠加可以进一步提升时间测量精度。

未来我们可进一步研究利用纠缠构建量子时钟网络，进一步利用原子间的纠缠特性降低不确定度，从而突破经典极限。从分立能级到相干叠加再到量子纠缠，测量精度不断提升，代价则是系统复杂度、体积和成本的增加。

2.3.3　量子测量的五大技术路线

目前，量子测量主要有五大技术路线，分别为基于冷原子相干叠加、基于核磁共振或顺磁共振、基于无自旋交换弛豫（Spin-exchange

Relaxation-free，SERF）原子自旋、基于量子纠缠或压缩特性和基于量子增强技术。通过对不同种类量子系统中独特的量子特性进行控制与检测，可以实现量子定位导航、量子重力测量、量子磁场测量、量子目标识别、量子时频同步等领域的精密测量。

近年，在五大技术路线的研发态势方面，冷原子技术路线渐"热"。其优势在于降低了与速度相关的频移，减速（或被囚禁）的原子可以被长时间观测，提高了测量精度，有望助力下一代定位导航授时技术的发展。

另外，原子自旋量子测量按照工作物质的不同可以分为基于核自旋（核磁共振）、电子自旋（顺磁共振），以及碱金属电子自旋与惰性气体核自旋耦合的量子测量系统，广泛应用于陀螺仪、磁场测量领域，测量精度较高，特别是基于 SERF 的量子测量具备很高的理论精度极限，也是目前的研究热点。

在五大技术路线的实用化进展方面，基于量子纠缠的量子测量技术理论精度最高，可以突破经典物理框架的限制，但是其技术成熟度较低，受限于量子纠缠源制备、远距离分发、量子中继等技术的发展程度，多为理论验证或原理样机开发，实用化前景不明确。基于冷原子相干叠加的量子测量技术理论精度较高，但是由于激光冷却、磁光阱等系统的存在，体积较大且成本较高。目前，一些小型化冷原子测量样机实验研究表明，通过 MEMS（微机电系统）技术将电场、磁场和光场测量进行集成，可实现芯片级的原子囚禁、冷却、导引、分束等操控，但是相干时间较短。

例如，美国 Cold Quanta 公司提供的商用化原子芯片产品；2019年，华中科技大学报道了新型量子重力仪 MEMS 芯片，平面尺寸为

25mm×25mm，厚度为 0.4mm；2020 年，英国伯明翰大学报道了用于产生冷原子的介电超表面光学芯片，平面尺寸为 599.4μm×599.4μm，并基于芯片获得约 107 个冷原子，冷却温度需低至 35μK，但应用条件较为苛刻，多面向高端基础科研等应用场景。

基于 SERF 的量子测量技术精度较高，目前研究机构多聚焦于提升磁场和角速度测量精度，而企业开始研发小型化 SERF 磁力计，探索心磁和脑磁测量等应用领域。基于核磁共振的量子测量，虽然精度不如冷原子相干叠加及基于 SERF 的量子测量，但是技术相对成熟，已有小型化和芯片化商用产品。基于量子增强技术的量子测量是经典测量与量子技术融合的产物，采用量子技术对经典测量的精度进行提升，技术相对成熟，在目标识别领域应用前景广泛。

2.4　传感器的革命

门捷列夫曾经说过，"没有测量，就没有科学"。

现代工业和现代国防还对测量提出了更加"精密"的要求，毕竟，测量越精密，带来的信息就越精确。实际上，整个现代自然科学和物质文明就是伴随着测量精度的不断提升而发展的。以时间测量为例，从古代的日晷、水钟，到近代的机械钟，再到现代的石英钟、原子钟，正因为时间测量的精度不断提升，通信、导航等技术才得以不断发展。

在对更高精度测量的追求下，近年来，随着量子科技的进步和第二次量子革命的到来，量子测量使物理量的测量达到了前所未有的极限精度。

量子测量是指人们通过操作微观粒子——光子、原子、离子等，分析待测物理量变化导致的量子态改变来实现的精密测量。量子测量不仅使测量精度得以飞跃，更有望引领新一代传感器的变革。毕竟，精密的量子测量需要通过工具来实现，而量子测量的实用化产品就是量子传感器。

2.4.1　分秒的精进

对时间的认识与对时间的计量是一个古老的学科，所谓"四方上下曰宇，往古来今曰宙"，就是古人朴素的时空统一观念。基于天文学的天文历法一直是文明的一个主要标志，在农耕文明时代，历法的精度会对社会生活产生重要影响。在现代工业时代，社会学家刘易斯·芒福德则认为："现代工业时代的关键机器是时钟，而不是蒸汽机。"

如果说时钟是工业时代的关键机器，那么在信息时代，它仍然是关键机器。如果没有现代时钟，定义信息时代的机器——计算机，就无法存在。时钟不仅可以同步人的行为，还可以确定计算机每秒执行的数十亿次操作的速度。信息时代的人们，对时钟的精确程度提出了更高的要求，而量子测量正满足了人们对于更加精确的时间测量的新需求。

具体来看，时钟的准确性来自其时间基准，摆钟的时基是钟摆。600 多年前，伽利略无意间发现当教堂里的吊灯在随风摇摆时，每次来回摆动的时间总是相近的。根据伽利略的见解，惠更斯制造出了第一台高质量摆钟。1657 年，惠更斯设计出的时钟代表了计时技术的巨大飞跃。此前，最好的时钟每天的误差约 15min；而惠更斯的时钟，每天的误差仅为 10s。

尽管在理想条件下，决定钟摆摆动时间的两个因素是摆的长度和地球表面的重力加速度，即使地球非常接近一个完美的球体，以及由重力而产生的加速度在任何地方都几乎近于恒定，这些微小的差别叠加起来，也会影响摆钟的精度。

于是，19 世纪中叶，人们在摆钟装置的基础上逐渐发展出日益精密的机械钟表。机械钟表的计时精度能达到基本满足人们日常计时需要的水平。20 世纪 30 年代开始，随着晶体振荡器的发明，小型化、低能耗的石英钟表代替了机械钟表，广泛应用于电子计时器和其他各种计时领域，一直到现在，石英钟表已成为人们日常生活中所使用的主要计时装置。

与摆钟不同，石英钟表的时基是一块小小的石英晶体。当电压施加于石英晶体时，它将进行高频率的物理振动。振动的频率取决于许多因素，包括晶体的类型和形状。通常，石英钟表的石英晶体以 32 768Hz 的频率振动。数字电路会对这些振动计数，记录流逝的每一秒。但是，这依然不能满足高速发展的信息时代的需求。

现代电子计算机在几千万分之一秒、几亿分之一秒，甚至十几亿分之一秒内进行计算。因此，现代技术需要一种更精确的国际标准时间，每有 1s 误差，用六分仪导航的船只就可能产生 1/4mi（约 402m）的偏差；相差 1‰os，宇宙飞船能飞出 10m；每 1s，电子计算机可运算 80 万次。

为了满足信息化对精确时间的需求，20 世纪 40 年代开始，时钟制造转向了以量子物理学和射电微波技术为基础的原子钟。原子钟成为世界上最准确的钟——原子内部的电子在跃迁时会辐射出电磁波，而它的跃迁频率是极其稳定的。利用这种电磁波来控制电子振荡器，从而控制钟的走时，就是原子钟。

具体来说，原子，如铯，有一种共振频率，也就是该频率的电磁辐射将导致它"振动"（振动指的是"绕轨道运行"的电子跃迁到更高的能量级）。用 9 192 631 770Hz 精确频率的微波辐射刺激铯133 同位素会共振。可以说，这一辐射频率就是原子钟的时间基准，而铯原子充当的是校准器的角色，确保频率正确。在此背景下，1967 年第 13 届国际计量大会将时间"秒"进行了重新定义："1 秒为铯原子基态的两个超精细能级之间跃迁所对应的辐射的 9 192 631 770 个周期所持续的时间。"这是量子理论在测量问题上的第一个重大贡献。

从此，时间的基本单位永久地脱离行星可观察的动力学，进入了单个元素的不可察觉行为的范畴。原子钟的准确程度，对惠更斯来说几乎是不可想象的。惠更斯的摆钟每天的误差可能达到 10s，如果一台原子钟从地球形成的 45 亿年前开始计时，到今天它的误差大概也就不到10s。

世界上第一架原子钟——氨钟，是美国国家标准局于 1949 年制成的，这标志着时间计量和导时进入了新纪元。在随后的十几年里，原子钟技术又有了很大发展，先后制成了铷钟、铯钟、氢钟等。到了 1992 年，原子钟已在世界上被普遍使用。

当前，我们熟悉的北斗导航卫星，就是应用原子钟实现的精准导航。从 100 万年误差 1s，到 500 万年误差 1s，再到 37 亿年误差 1s，随着量子精密测量技术的快速发展，基于量子精密测量的陀螺及惯性导航系统具有高精度、小体积、低成本等优势，将为无缝定位导航领域提供颠覆性新技术。在这场追求更高精度的科技竞赛中，世界各国科学家研发的原子钟还在不断突破着科学的极限。

2.4.2 消除误差的导航

目前，基于传统机械和光学的惯性导航存在漂移误差。为了满足未来高精度、全地域、完全自主可靠的导航需求，基于原子干涉技术的新型惯性器件被提出和深入研究。

其中，原子干涉陀螺仪基于萨格奈克效应测量载体的旋转角速度，是一种实现高精度角速率测量的新型惯性器件，惯性导航功能通常由它与原子加速度计结合实现。例如，通过加速度计（用于测量车辆的加速度）和陀螺仪（用于测量设备旋转）识别运动速度和方向，从而推断车辆的位置。

与传统的惯性测量技术相比，新技术可能会减少长期误差，并且在某些情况下能最大限度地减少导航系统对声呐或地理定位系统的需求。此外，新型惯性导航系统具有自主性，不受时空和外部环境限制，在国家安全等领域具有重要的应用价值。

原子干涉加速度计的发展通常伴随着冷原子干涉陀螺仪的发展。理论上，量子加速度计的精准度比传统惯性器件高几个数量级。例如，2018 年英国研制出一种名为 QPS（量子定位系统）的量子加速度计，在潜艇行驶中，利用传统的惯性导航系统的潜艇一天的偏移距离达 1km，而利用 QPS 的潜艇一天的偏移距离只有 1m。

冷原子干涉加速度计原理与原子干涉重力仪原理相近，前者通过拉曼光的传播方向定义惯性测量的方向，拉曼光沿着重力方向传播，后者测量时原子做自由落体运动，所以两者性能相当。通过拉曼矢量的变换和原子干涉信息的空间解算，可以实现多自由度冷原子干涉惯性测量单元。

2.4.3　量子重力仪

重力传感器通过测量地球表面不同位置的重力加速度、重力梯度，来描绘地球内部结构、地壳构造，用于勘探矿产资源、辅助导航等。

如今，基于冷原子干涉的重力传感器已经相对成熟，在极端温度下对其质量相互作用的力较为敏感，测量精度较高。其中，最具代表性的两个量子重力仪，当属应用于地质勘探的原子干涉仪和重力梯度仪。

基于原子干涉技术路线的量子重力仪是目前发展最为成熟的。它可以和重力梯度仪一同使用，进行地下结构探测、车辆检查、隧道检测、地球科学研究等，有望降低土木工程和地质调查的成本，并可以作为基础物理应用检测的替代方法。美国、法国等少数几个国家已解决了冷原子干涉系统的长期稳定性和集成问题，正着力于攻克高动态范围和微小型化等应用难题，产品已经进入实用化阶段。中国华中科技大学已于 2021 年将研制的实用化高精度铷原子绝对重力仪交付中国地震局地震研究所，这是首台为行业部门研制的量子重力仪，意味着中国量子重力仪研究已进入国际第一梯队。

重力梯度仪具有很高的理论测量灵敏度，并可实现低漂移和自校准。此外，它基于全常温固态器件，具备工程化的优势，因而受到广泛关注。其组成一般包括两个分开一定距离且同时运行的原子干涉仪，通过比较两个原子干涉仪对重力梯度进行测量；同时差分测量重力梯度，具有能抑制共模噪声（如地面振动噪声和拉曼光相位噪声）的优点。重力梯度仪在资源勘探、地球物理学、惯性导航及基础物理研究等领域具有重要作用。

2.4.4 量子雷达，探测成像

随着量子信息技术的发展，量子成像以其探测灵敏度、成像分辨率可以突破传统相机的经典极限限制，以及具有非局域成像、单像素成像、无透镜成像等优点，在高分辨率成像、非相干成像、恶劣条件下成像等方面具有广阔的应用前景，引起了科学家的广泛关注，目前正朝着实用化的方向迈进。

量子成像利用光子相关性，能够抑制噪声并提高想象物体的分辨率。目前，其技术路径有 SPAD（Single Photon Avalanche Detectors，单光子雪崩二极管）阵列、量子幽灵成像（也称重合成像或双光子成像）、亚散粒噪声成像、量子照明等。量子成像应用场景有 3D 量子相机、角落后相机（Behind-the-corner cameras）、低亮度成像、量子雷达或激光雷达等。

以量子雷达为例：量子雷达作为一种新型传感器，有望探测隐形平台，它可以丰富目标信息的维度、消除一些背景噪声，能识别包括飞机、导弹、水面舰艇等隐身目标。

隐身系统对军方尤为重要，是军方提升攻击和防御能力的重要技术辅助。因此，量子雷达尤其受到美国、俄罗斯和中国军方的关注。量子雷达的研究还处在初期阶段，存在一定的局限性，如探测范围不及传统雷达，目前还无作战价值。量子雷达工程化开发仍然存在巨大挑战。

量子雷达根据发射端和接收端工作模式的不同分三类：一是量子发射、经典接收，如单光子雷达；二是经典发射、量子接收，如量子激光雷达；三是量子发射、量子接收，如干涉量子雷达和量子照明雷达。

量子雷达的研究主要围绕量子纠缠干涉、量子照明和量子相干态接收三个方面进行。量子雷达研究的典型代表是 2007 年美国国防部高级研究计划局启动的量子传感器项目和量子激光雷达项目。2018 年，在中国国际航空航天博览会上，中国电科展示了一种量子雷达系统。2020 年，由奥地利科学技术研究所、美国麻省理工学院、英国约克大学和意大利卡梅里诺大学人员组成的研究组展示了一种利用纠缠微波光子的量子照明探测技术，基于该技术的量子雷达受背景噪声影响小、功耗低，探测远距离目标时不会暴露，该技术在超低功耗生物医学成像和安全扫描仪方面具有潜在的应用前景。

2.4.5 磁测量的"量子化"

磁，是自然界中的一种基本物理属性。小到微观粒子，大到宇宙天体，都存在一定程度的磁性。从古代的指南针到近代的高斯计，再到数十年前的超导量子干涉仪，磁测量技术随着科技进步不断发展，磁测量工具被应用在诸多领域，改变着人类社会生活。当前，基于量子力学原理，量子磁力计也取得了巨大突破。

量子磁力计（Quantum Magnetometer）也称量子磁强计，是依据近现代量子物理原理设计制造的磁测量仪器。其特点是能操纵和控制单个量子（原子、离子、电子、光子、分子等）；测量精度允许突破经典极限，达到海森堡极限。

宏观物体的磁性源于微观粒子的磁性，主要是来自其内部所包含的电子的磁性,通过物理学实验,人们发现组成宏观物体的许多基本物质粒子,如电子、原子核及原子自身,都与磁场存在相互作用的关系。

量子磁力计有望改善传感器的尺寸、质量、成本和灵敏度,其物理实现已在多个量子体系中得到发展,如核子旋进磁力计、超导量子干涉装置磁力计、原子磁力计、金刚石氮空位色心磁力计等。

1. 核子旋进磁力计

在应用地球物理学中使用的核子旋进磁力计(Nuclear-Precession Magnetometer)有三种:质子磁力计、欧弗豪泽效应质子磁力计(Overhauser effect proton magnetometer,OVM)和 ^{3}He(氦3)磁力计。前两者利用氢原子核即质子的自旋磁矩在外磁场中的旋进来测量磁场,而 ^{3}He 磁力计则是利用 ^{3}He 的核磁矩在外磁场中的旋进来测量磁场。

2. 超导量子干涉器件磁力计

超导量子干涉器件磁力计是一种磁通传感器,其技术允许在宏观尺度上制造一个量子系统,并通过微波信号进行有效的控制,它是目前主要的磁通传感器之一,但缺点是需要在低温环境下运行。

超导量子干涉器件根据所使用的超导材料,可分为低温超导量子干涉器件和高温超导量子干涉器件两种;根据超导环中插入的约瑟夫森结的个数，可分为 DC-SQUID（直流超导量子干涉器件）和 RF-SQUID（交流超导量子干涉器件）两种。DC-SQUID 由直流偏置制成双结的形式，可用于测量微弱磁场；RF-SQUID 则由射频信号作偏置，具体采用的是单结形式。

3. 原子磁力计

原子磁力计（Atomic Magnetometer）又称全光学磁力仪（All Optical Atomic Magnetometer），其包括多种不同技术路径的磁力计，主要有基于光学-射频双共振现象的光泵磁力计（OPM）、测量低频弱磁场的无自旋交换弛豫（SERF）磁力计、非线性磁光旋转（NMOR）磁力计和相干布局囚禁（CPT）磁力计等。

4. 金刚石氮空位色心磁力计

不同于基于原子蒸气的碱金属原子磁力计，金刚石氮空位色心磁力计基于固体介质，因具有极高的空间分辨能力而受到关注。金刚石氮空位色心磁力计的原理是单电子自旋比特的相干操纵，金刚石晶体中的氮空位色心作为 1 个量子比特的电子自旋，与外部磁场耦合，无须低温冷却即可保证生物相容性和高灵敏度，被广泛应用在生物大分子和基础物理等方面的研究中。该材料的生物信号成像在理论上接近光学衍射极限，具有极优的空间分辨率。

目前，基于单氮空位色心的磁测量技术的灵敏度指标已经实现了纳米尺度分辨率及可测得单核自旋的灵敏度。2015 年，中国科学技术大学杜江峰团队利用氮空位色心作为量子探针，在室温大气条件下获得了世界上首张单蛋白质分子的磁共振谱。该研究不仅将磁共振技术的研究对象从数十亿个分子推进到单个分子，而且"室温大气"这一宽松的实验环境也为该技术未来在生命科学等领域的广泛应用提供了必要条件，使得高分辨率的纳米磁共振成像及诊断成为可能。

与单氮空位色心的磁测量技术略有不同，基于系综氮空位色心的磁测量技术通常是面向宏观磁场的测量。在应用方面，基于系综氮空位色心的磁力计已测得了蠕虫神经元产生的磁信号、涡流成像、古地磁学中的矿石检测等。中国在系综氮空位色心磁测量领域的研究起步相对较晚。2016 年，中国有团队开展该领域的研究，包括中国科学技术大学、北京航空航天大学等。2020 年，中国科学技术大学杜江峰团队结合磁通聚集方法将系综氮空位色心磁测量灵敏度提升至 $0.2\mathrm{pT/Hz}^{1/2}$。

2.4.6　量子磁力计的应用

首先，量子磁力计在生物医学领域应用广泛，如神经康复监测、脑科学、脑认知、脑机接口、心血管与脑疾病精准诊断、细胞原位成像等前沿应用。

目前，生物磁方面的应用主要为脑磁图（Magnetoencephalography，MEG）与心磁图（Magnetocardiography，MCG），因为心脏和脑部的神经传导电流较大，其周围的磁信号也相对较强。这种非侵入性方法可以对患者的愈后产生积极影响，可为临床医生提供评估神经系统疾病和手术治疗所需的宝贵信息。

脑磁场强度为心磁场强度的 1%左右，有效探测难度更大并且容易受到低频干扰。对脑磁场的探测是对神经元活动放电产生磁场的直接探测，拥有毫秒级时间分辨率，在脑疾病诊断如癫痫病灶定位、脑功能区定位、术前规划上有广泛的应用。

心磁图的普及率有望增加。欧美有关心磁图的临床医学研究显示，传统的心电图检查手段只能获取心脏电生理信号所携带的 10%的病理信息，而心磁图能补充获取剩余 90%的心脏病理信息。相对于心电图而言，心磁图能够展示更多更深的心脏病理信息。

胎儿心磁图是一种新的替代产前监测的方法，记录由胎儿心脏中的传导电流产生的磁场。与胎儿心电图相比，磁场的传播相对不受周围组织的干扰，这使胎儿心磁图具有更高信噪比的优势，并且可以在怀孕早期获得。此外，信号的高时间分辨率使其比胎儿心电图更精确地确定胎儿心率参数。

当前，医院主要使用的脑磁图与心磁图的诊断方式是通过超导量子干涉器件磁力计获得磁场数据的，存在设备占地面积大、装置复杂、价格昂贵、需液氦制冷、运行维护成本高，以及探头距头皮较远等带来的测量精准度问题，限制其大范围推广应用，并且全球面临"氦气荒"，脑磁图需要原子磁力计更新迭代以摆脱对氦气制冷的依赖。而新一代的无自旋交换弛豫磁力计能够实现应用目标，其具有对低频信号敏感、可室温运行、功耗低、小型化、可穿戴等优点，分辨率也与超导量子干涉器件磁力计的分辨率接近甚至更高，适合大规模推广应用。

未来，量子磁力计能实现对生物磁的进一步探索，如在脑认知、脑科学、脑机接口方面；脑成像也是为数不多的可以实现高时间、空间分辨率的非侵入功能性成像手段。脑磁图是脑成像和脑机接口的基础，在短期内，脑磁图可能会以头盔的形式应用，以便个体在人脑受伤的情况下进行持续和远程的医疗监测和诊断。未来，人机接口可能被进一步完善，达成实用的非侵入性认知，以及机器和自主系统的通信。

其次，在工业检测方面，量子磁力计的应用主要为金属探测、材料分析、无损探伤、电池缺陷检测。

量子磁力计的主要特点为能够对物体或材料进行无创的磁性鉴别，从而控制材料的质量，这种检测不会改变被测材料的性质和状态，尤其是金属类的材料。当金属材料内部存在缺陷时，在缺陷处，材料的电导率会发生变化。在施加交流电后，由于电磁感应原理，缺陷处会产生磁场梯度。通过测量磁场梯度，可以确定缺陷部位与缺陷程度。

无损检测已在多个工业领域中存在潜在应用。例如，市场需要一种快速和敏感的电池缺陷识别诊断工具，协助固态电池技术以安全、高效的方式提供灵活的电能存储。随着新能源汽车普及率的逐渐提高，厂商需要一种能精准反映锂电池内部结构缺陷的检测方案，以维护人们的生命财产安全，这也是目前量子磁力计的主要研究发展方向。

该技术需要极高的灵敏度。目前，主要解决方案为基于超导量子干涉器件的磁测量与原子磁力计。其中，原子磁力计的优势是提供了一种低成本、便携、灵活实施电池质量控制和表征技术的可能性。使用原子磁学测量微型固态电池周围的磁场，可以发现关于电池制造缺陷、电荷状态和杂质的信息，并且可以提供关于电池老化过程的重要见解。

　　英国工艺创新中心已经开展了量子传感器应用于工业检测的研究，该项目周期为 2020 年 8 月至 2023 年 8 月，由 Innovate UK（"创新英国计划"）提供 540 万英镑项目资金（约 4 502 万元）。量子传感器项目旨在开发一个能够使用光泵磁力计对电池进行连续在线测试的中试系统。该系统将配备一系列光泵磁力计作为量子传感器，检测合格锂电池发出的小磁场。该技术可用于监控生产线上电池的质量，以便快速剔除故障电池并提供详细的质量保证。该项目涉及英国制造光学加工材料供应链的开发，包括蒸汽电池生产、激光制造、光学封装、磁屏蔽、电子控制和数据处理系统。项目的最终目标是创建一个可在试验生产线上实施的中试规模电池测试系统。

　　再次，在物理科研方面，量子磁力计不仅有助于地球物理科学研究，还能用于地质勘探和卫星磁测等。

　　地球本身具有强大的磁场，会使许多岩石和矿物产生弱磁性或被感应磁化，并在地磁场中引起扰动，此现象称为"磁异常"。同时，包含铁或钢等人造物体通常也会被高度磁化，并且在局部引起高达数千纳特斯拉的磁异常。量子磁力计通过精确捕捉地磁信息的微弱变化，利用地磁观测资料得到地磁异常；具有精确测量各种地磁样品的能力，可满足取自海洋、湖泊、黄土等不同类型的地磁样品研究。量子磁力计在物理学基础研究、环境变化、气候变化、地球动力学、大地构造学、磁性地层学、深空深地磁场测量等方面都有着广阔的科研前景和市场潜力；还可应用于石油工业的钻井定向、矿产资源勘查和地质灾害预警。

与此同时，量子磁力计作为科学研究工具，是研究材料磁学性质的新利器，在磁畴成像、二维材料、拓扑磁结构、超导磁学、细胞成像等领域有着广泛应用。例如，金刚石氮空位色心磁力计通过自旋进行量子操控与读出，可实现磁学性质的定量无损成像，能研究单个细胞、蛋白质、DNA 或进行单分子识别、单原子核磁共振等。

从次，在地质勘探方面，量子磁力计是地球物理勘探中最有效的工具之一，被广泛应用于地质勘探的各个阶段：寻找铁矿和其他矿物（包括碳氢化合物）、地质填图、构造研究等。高精度磁力测量在考古调查和工程测量中同样发挥着重要的作用。有系统地将量子磁力计用于勘探目的的行为可以追溯到 20 世纪初。在这些年的技术发展中，至少使用了四种类型的磁力计：在光机平衡磁力计被使用了 50 多年后，磁通门、质子和光泵磁力计被研制出来。目前，磁勘探主要采用核进动（质子）磁力计和光泵磁力计。针对各种测量条件，地面、井下、海上和空中作业用的专用磁力计已被大量生产。

此外，量子磁力计也可以应用于空间磁测探测，卫星上使用的磁力计要求功耗小、性能稳定、工作时间长，部分量子磁力计刚好具有这一特性。对土星系进行探测的卡西尼—惠更斯号飞船上装备有氦光泵磁力计，用于测量土星的磁场。阿根廷于 2000 年 11 月 18 日发射的磁测卫星 SAC–C，寿命为 4 年，装备有丹麦制造的磁通门磁力计和美国制造的氦 4 光泵磁力计。丹麦的 Oersted 磁测卫星和德国的 CHAMP 重、磁两用卫星，都采用 OVM 测地磁场的标量，由法国信息技术电子实验室设计制造。欧洲航天局计划发射的 AMPERE 卫星也准备采用 OVM 测量地球磁场的标量。

最后，在军事方面，磁场的高精度测量是地磁导航与反潜的基础。量子磁力计的军事应用主要包括军备脑磁图作战头盔、量子导航、反潜战、水下目标识别、海底测绘等。

以反潜战为例，量子磁力计可以探测、识别和分类目标潜艇，探测水雷，可增强现有的水下探测能力。磁场测量用于反潜的主要原因是潜艇中的磁性合金会在环境中产生磁异常。研究人员预计，超导量子干涉器件磁力计可以探测到 6km 外的潜艇；经典的磁异常探测器通常安装在直升机或飞机上，其探测范围只有几百米。目前，量子磁力计多用于水上机载反潜。

例如，CTF 公司受加拿大国防部委托，开发了机载潜艇探测仪器。公开资料显示，美国军事研究人员需要使能技术来提高原子蒸气在从机载电子战到海军反潜战等应用中进行电场传感的性能。美国国防高级研究计划局与 ColdQuanta 公司签订合同，开展用于新技术的原子蒸气科学项目，计划为期 4 年，其中，蒸汽磁力计是所有器件中标量磁场灵敏度最高的设备之一。

量子测量是传感测量技术未来发展演进的必然趋势，在时间基准、惯性测量、重力测量、磁场测量和目标识别等领域已经获得了广泛的认同，并在市场规模和产业前景上展现出了极大的潜力。

2.5　量子测量的趋势

2.5.1　将量子传感器推向市场

如今，传感器正在逐步"量子化"，将量子传感器尽快推向市场成为量子测量的发展趋势。当前，手机、汽车、飞机和航天器的经典传感器主要依赖电、磁、压阻或电容效应，虽然很精确，但理论上存在极限，而量子传感器有望向更高灵敏度、准确率和稳定性等方面提升。量子传感器不仅可以替代一部分传统传感器，还能满足新兴特殊需求。基于传统技术的传感器正在逐渐过渡到量子传感器，这是必然的发展趋势。

目前，部分传感器已经实现"量子化"。例如，在时间测量方面，原子钟已商业化，实现了时间传感器"量子化"；在重力测量方面，原子重力仪已经商业化，实现了重力传感器"量子化"。此外，"量子化"的磁力计及惯性传感器配置如陀螺仪、加速度计和惯性测量单元等，这些量子传感器技术验证已展开，部分产品已有原型。未来，在没有任何外部信号的情况下进行精确导航时，惯性传感器将发挥重要作用。

整体来说，量子测量产品和技术主要的应用方向有国防军事，如精确制导、雷达等；航天探索，如计时、定位等；航空工业，如飞行器导航定位；计量测量、科学研究、生物检测、医学诊断、地球观测、地质勘探、工程建设、农业种植等。

2022 年 3 月，英国皇家海军首次在军事演习中使用量子技术，在威尔士亲王航空母舰上搭载由 Teledyne e2v 公司开发的微型原子钟系统——MINAC，该系统只有笔记本电脑大小，在全球定位系统出现故障时，为舰船复杂作战系统校准时间。

在自动驾驶技术发展中，在汽车内安装量子传感器有助于准确测量汽车行驶过程中的旋转角度、加速度、重力。同理，在轮船、火车、飞机上，安装相应的量子传感器，有助于提升自动驾驶功能，提高安全性，将自动驾驶技术尽快推向市场。自动驾驶技术的推广应用还依赖于更为精准、小型化、轻量化、消费级的量子精密测量产品，目前大部分量子传感器体积较大，尚不能完全满足移动使用需求。

在生命科学领域，随着技术的发展，人们对微观尺度的探索有了更高的追求，这推动了更高级的显微镜技术发展。在疾病治疗领域，脑部疾病和心脏疾病是常见但仍有待提升治疗技术的领域。当前，新一代脑磁图和心磁图在实验演示方面已经具备可行性。若能在小型化、可穿戴、较低成本等方面进一步提高，此类技术有望逐步商业化。

在通信发展中，当前主流的通信技术为 4G 和 5G，6G 技术也已在开发中，随着通信技术的发展，对通信网络中的时钟同步精度要求提高；而基站数量多，对小型化、价格相对较低的精准计时设备则有更大的需求，这样才可以实现大范围应用。

其中，全球定位系统和磁共振成像的投资回报价值已相当明显。当前有很多处在不同研发阶段的量子传感器，多国均在统一协调，缩短产品推向市场的进程，并加快技术转让，同时不断加强本国在各自领域的领导地位。在尽可能减少对性能影响的情况下，小型化、紧凑化、低成本是各大中上游供应商重点追求的目标。

冷原子技术、金刚石氮空位色心技术等则是最有望商业化的量子传感器的底层技术，这些技术适用于不同行业和应用场景。例如，超导量子干涉器件磁力计虽然有更高的灵敏度，但是需要低温环境，这就导致其使用成本较高、对应用环境要求较高；冷原子技术、金刚石氮空位色心技术虽然精准度不及超导量子干涉器件技术，但可以使相应磁力计在常温环境下使用。

从全球范围来看，量子时钟、量子磁力计、量子雷达、量子重力仪、量子陀螺、量子加速度计等领域均有样机产品报道。根据 BCC Research 的统计分析，全球量子测量市场的收入由 2018 年的 1.4 亿美元增长到 2019 年的 1.6 亿美元，并预测年复合增长率为 13%左右。Research and Markets 表示，未来 6G 无线技术将推动传感、成像、定位等领域的实质性进步。更高的频率将实现更快的采样率及更高的精度，直到厘米级。

根据 ICV（国际前沿科技咨询机构）的预测，2022 年全球量子精密测量市场规模约为 9.5 亿美元；预计到 2029 年，其市场规模将增长到 13.48 亿美元，2022—2029 年复合增长率约为 5.1%。2022年，量子时钟市场份额约为 4.4 亿美元，占比最高（46.3%），复合增长率约为 4.9%（2022—2029 年）；其次为量子磁测量，市场份额约为

2.5 亿美元，复合增长率约为 6.2%（2022—2029 年）；再次为量子科研和工业仪器，市场份额约为 2 亿美元，复合增长率约为 4.4%（2022—2029 年）；最后是量子重力测量，市场份额约为 0.6 亿美元，复合增长率约为 5.4%（2022—2029 年）。

当前，全球主要供应商集中在北美（主要是美国），占比约为 47%；其次是欧洲（主要是西欧国家和俄罗斯），占比约为 28%；最后是亚太（日本、韩国、中国、澳大利亚、新加坡），占比约为 21%。美国和西欧国家是主要的技术输出国，同时也是技术采购方；亚太上述国家也是主要的技术采购方。由于量子精密测量领域的产品和技术大多由经济发达国家研发和采购，因此，其余国家和地区市场的占比相对较少。

2.5.2 标准化的初步探索

在将量子传感器推向市场以前，量子测量还需要解决标准化的问题。目前，量子测量标准化研究主要集中在术语定义、应用模式、技术演进等早期预研阶段，标准体系尚未建立，企业参与度不高。

要知道，量子测量存在众多技术方向和应用领域的差异性，包括术语定义、指标体系、测试方法等，因此，量子测量还需要进行标准化的研究，以帮助应用开发、测试验证和产业推动。

对于已经进入样机或初步实用化的技术领域，开展总体技术要求、评价体系、测试方法和组件接口等方面的标准化研究工作有相当的必要性。目前，国际和国内多个标准化组织正在量子测量领域开展初步标准化研究与探索。

2018 年，国际互联网工程任务组（The Internet Engineering Task Force，IETF）启动量子互联网研究组，研究量子互联网的应用案例。目前，在量子传感应用方面，有量子时钟网络和纠缠量子传感网络测量微波频率两个案例。

2019 年，国际电信联盟电信标准分局（ITU-T）成立面向网络的量子信息技术焦点组（FG-QIT4N），从术语定义、应用案例、网络影响、成熟度等维度对量子信息技术进行研究，在量子时频同步方面提交文稿 12 篇，均被接受并纳入研究报告。中国通信标准化协会量子通信与信息技术特设任务组（CCSA-ST7）在量子信息处理工作组（WG2）立项研究课题《量子时间同步技术的演进及其在通信网络中的应用研究》，开展量子时间同步技术研究。

2020 年，全国量子计算与测量标准化技术委员会（TC578）立项研究课题《超高灵敏原子惯性计量测试标准研究》，开展量子惯性测量测试方法研究。

对于国家来说，在量子测量领域开展标准化研究，一是要对标准化体系建设进行布局，加快整体技术要求、关键定义术语、指标评价体系、科学测试方法等方面的标准化工作；二是要发挥企业在标准制定中的推动作用，支持组建重点领域标准推进联盟或焦点组，协同产品研发与标准制定；三是鼓励和支持企业、科研院所、行业组织等参与国际标准化讨论，提升我国研究机构和产业公司国际标准研究参与度。

总体来说，量子测量产业依然处于初步发展阶段，需要多方通力合作，共同推进技术发展和产业推广，实现研究成果的落地和产品化。

2.5.3 量子测量的进展

近年来，国内外量子测量的各个领域在高精度和工程化方面的研究获得持续性突破。其中，代表性成果包括，2019 年美国国家标准与技术研究院报道，光钟不确定度指标进入 10^{-19} 量级，进一步刷新世界纪录；2019 年中国科学技术大学报道，实现金刚石氮空位色心 50nm 空间分辨率的高精度多功能量子探测；2019 年美国加州大学报道，实现可移动式高灵敏度原子干涉重力仪和毫米级原子核磁共振陀螺仪芯片等的研发。

在量子测量领域的高性能指标样机研制方面，由中国计量科学研究院研制并正在优化的 NIM6 铯喷泉钟指标与世界先进水平基本处于同一数量级；中国科学技术大学在《科学》杂志报道了基于金刚石氮空位色心的蛋白质磁共振探针，首次实现单个蛋白质分子磁共振频谱探测；2020 年，北京航空航天大学、华东师范大学和山西大学等联合研制完成基于原子自旋 SERF 效应的超高灵敏惯性测量平台和磁场测量平台，其灵敏度指标达到国际先进水平。

在量子测量的数据后处理方面，引入人工智能算法进行处理的超能力提升，正成为一个新兴研究方向。量子测量采用原子或者光子级别的载体作为测量"探针"，其信号强度弱，易淹没在噪声当中。例如，在常规核磁共振系统中，相干时间、磁噪声、控制器噪声和扩散诱导噪声等几乎可以忽略不计，但对于金刚石氮空位色心纳米级核磁共振探针而言，噪声影响明显，并且噪声理论模式复杂，难以通过信号处理补偿或抑制，需要很复杂的噪声屏蔽装置和精确的操控系统才能获得理想的信噪比。

再如，基于原子的相干测量系统，原子热运动和相互碰撞导致能级谱线展宽，使得谱线测量精度下降，需要引入激光冷却和磁光阱等方式制备冷原子，降低噪声影响已获得高信噪比，而引入复杂控制系统或屏蔽装置，不利于测量系统小型化和实用化。

人工智能算法适合解决模型复杂、参数未知的数学问题，无须事先预知噪声数学模型，可通过算法迭代学习寻求答案或者近似答案。通过将量子测量与人工智能技术相结合，提升数据后处理能力，可有效降低噪声抑制要求，简化系统设计，提升实用化水平。

2019 年，英国布里斯托尔大学将机器学习算法引入金刚石氮空位色心磁力计数据处理中，无须低温条件就能获得相近的测量精度，以提升单自旋量子位传感器的实用性。2019 年，以色列耶路撒冷希伯来大学报道，通过深度学习算法增强金刚石氮空位色心纳米核磁共振系统的性能。2020 年，美国麻省理工学院报道了利用机器学习算法提升量子态读取性能的通用化方法。

将量子测量技术与经典测量技术相结合，可以改善量子测量系统的性能指标。基于冷原子的量子测量系统的优势在于测量精度高，但是动态范围小，而相比较而言，传统经典测量技术的测量范围比较大，二者结合有益于取长补短。

2018 年，法国航空航天局报道：通过将冷原子加速度计与强制平衡加速度计相结合，将测量范围扩大了三个数量级。清华大学报道：将经典白光干涉仪的研究思路与原子干涉陀螺仪结合，大幅度提升了角速度测量的动态范围。目前，大部分基于纠缠的量子测量研究都关注将探针信号与参考信号纠缠在单个传感器上进行测量，但未来很多应用场景可能需要借助多个传感器共同完成测量任务。

理论分析证明，将分布式量子传感器互连形成基于纠缠的量子传感器网络（Quantum Sensing Network，QSN），可使测量精度突破标准量子极限（Standard Quantum Limit，SQL）。目前，基于离散变量（Discrete Variable，DV）和连续变量（Continuously Variable，CV）纠缠的分布式量子传感理论框架已被提出。DV-QSN 采用纠缠在一起的离散光子或原子作为测量单元，典型应用为纠缠的量子时钟网络，先将每个时钟节点内的原子纠缠，再通过量子隐形传态技术将所有时钟节点之间的纠缠态进行传递，实现全局纠缠；进行 Ramsey 干涉可实现全局的频率同步，可采用随机相位调制、中心点轮换等方式抵御各种安全攻击，从而实现安全和高精度的同步时钟网络。

CV-QSN 采用纠缠压缩光信号作为测量单元，一般适用于振幅、相位检测或量子成像。2020 年，美国亚利桑那大学报道，采用 CV-QSN 进行压缩真空态相位测量，测量方差可以比 SQL 低 3.2dB。未来，CV-QSN 有望在超灵敏定位、导航和定时领域探索应用。

2.5.4　离实用尚有距离

在量子测量的很多领域，我国技术研究和样机研制与国际先进水平相比仍有较大的差距。

欧美多家公司已推出基于冷原子的重力仪、频率基准（时钟）、加速度计、陀螺仪等商用化产品，同时积极开展包括量子计算在内的新兴领域研究和产品开发，产业化发展较为迅速。代表性量子传感测量企业如下。

美国 AOSense 公司作为创新型原子光学传感器制造商，专注于高精度导航、时间和频率标准及重力测量研究，主要产品包括商用紧凑型量子重力仪、冷原子频率基准等，与美国航空航天局（NASA）等机构展开研究合作。

美国 QuSpin 公司于 2013 年研制出小型化 SERF 原子磁力计，2019 年推出第二代产品，探头体积达到 $5cm^3$，进一步向脑磁探测阵列系统发展。美国 Geometrics 公司致力于地震仪和原子磁力计的研发，已推出多款陆基和机载地磁测量产品。

法国 Muquans 公司在量子惯性传感、高性能时间和频率应用，以及先进激光解决方案领域开发广泛的产品线，主要产品包括绝对量子重力仪、冷原子频率基准等，从 2020 年开始进行量子计算处理器的研发。

英国 M Squared 公司开发用于重力、加速度和旋转的惯性传感器及量子定时装置，主要产品包括量子加速度计、量子重力仪和光晶格钟等，还涉足中性原子和离子的量子计算机研发。

而我国量子测量应用与产业化则尚处于起步阶段，落后于欧美国家。在光钟的前沿研究方面，我国样机的精度指标与国际先进水平相比，相差两个数量级；核磁共振陀螺样机在体积和精度方面都存在一定差距；量子目标识别研究和系统化集成仍有差距；微波波段量子探测技术研究与国际领先水平差距较大；量子重力仪方面性能指标接近国际先进水平，在工程化和小型化产品研制方面仍处于起步阶段。

我国较为成熟的量子测量产品主要集中于量子时频同步领域，如成都天奥从事时间频率产品、北斗卫星应用产品的研发，主要产品为原子钟。此外，中电科、航天科技、航天科工和中船重工集团下属的一些研究机构正逐步在各自的优势领域开展量子测量方面的研究。

近年来，高校和研究机构对于科研成果的商业转化支持力度逐步加大。源于中国科学技术大学的国耀量子将量子增强技术应用于激光雷达，面向环境保护、数字气象、航空安全、智慧城市等，生产高性价比的量子探测激光雷达。国仪量子以量子精密测量为核心技术，提供以增强型量子传感器为代表的核心关键器件和用于分析测试的科学仪器装备，主要产品包括电子顺磁共振谱仪、量子态控制与读出系统、量子钻石原子力显微镜、量子钻石单自旋谱仪等。

随着量子测量技术的逐步演进，全球量子传感测量企业将不断推出成熟的商业化产品。目前，量子测量技术防务装备研制、能源地质勘测、基础科研设备等领域的应用和市场比较明确，未来可能在生物医疗、航空航天、信息通信和智慧交通等更多领域探索应用市场。

当然，在量子态制备、保持、操控、读取等关键技术和产品实用化研发等方面仍存在挑战。近年来，量子测量领域的技术投资逐步增加，美国国防部高级研究计划局为小企业创新研究和小企业技术转让设立专门项目资助，支持包括量子测量技术在内的多个技术领域。

此外，全球量子传感器市场和产业增长越来越多地由合作伙伴联合推动，系统设备商正在与供应商、研究机构等建立合作伙伴关系，使市场参与者能够利用彼此的技术专长联合推动产品开发。如卡塔尔环境与能源研究所与日本国际材料纳米建筑中心合作开发多种纳米电子器件、量子传感器。

第 3 章　量子的本质

3.1　打破"丑小鸭定理"

1923 年，德布罗意在其博士论文中提出光的粒子行为与粒子的波动行为应该是对应存在的，波粒二象性假设自此诞生。德布罗意将粒子的波长和动量联系起来：动量越大，波长越短。在当时，这是一个引人入胜的想法，尽管没有人知道粒子的波动性意味着什么，也不知道它与原子结构有何联系，但这都不影响德布罗意的假设成为量子理论走向新阶段的重要前奏，很多事情就此改变。

1924 年夏天，在德布罗意波粒二象性的基础上，玻色提出了一种全新的方法来解释黑体辐射定律。玻色把光看作一种无（静）质量的粒子（现称为光子）组成的气体，这种气体不遵循经典的玻尔兹曼统计规律，而遵循建立在粒子不可区分的性质（全同性）上的一种新的统计理论。就是这种粒子的全同性，让量子理论进一步发展，成为新量子理论的重要组成之一。

3.1.1　一个没错的错误

"丑小鸭定理"说的是，两只天鹅之间的差别和丑小鸭与天鹅之间的差别是一样大的，世界上没有完全相同的两个物体。但是，在微观世界里，两个电子却是完全相同的。率先提出这一概念的就是玻色。

相较于普朗克、爱因斯坦、薛定谔、德布罗意等物理学家，玻色并不是那么有名。玻色出生于印度加尔各答，父亲是一名铁路工程师。玻色虽然在大学时得到了几位优秀教师的赞赏和指点，但还是只获得了一个数学硕士学位，且未继续攻读博士学位，就直接在加尔各答物理系担任讲师，后来又到达卡大学物理系任讲师，并自学物理。

作为印度的物理学家，玻色固然受很多条件限制，但对玻色子统计规律的研究依然让他在量子理论的发展中占据了一席之地。实际上，对玻色子统计规律的研究也是玻色一生中唯一一项重要的成果。

有趣的是，玻色是因为一个"错误"而发现玻色子统计规律的。大约在 1922 年，玻色在讲课中，讲到光电效应和黑体辐射的"紫外灾难"时，打算向学生展示理论预测的结果与实验的不合之处。于是，他运用经典统计来推导理论公式，但是，在推导过程中，他却犯了一个类似"掷两枚硬币，得到两次正面（'正正'）的概率为 1/3"的错误。没想到的是，这个错误却得出了与实验相符合的结论，也就是不可区分的全同粒子所遵循的一种统计规律。

那时，新量子论尚未诞生，已经使用了 20 多年的旧量子论不过是在经典物理的框架下，做点量子化的修补工作。至于粒子的统计行为需要应用统计规律时，用的仍然是波尔兹曼的经典统计理论。当时，物理学家还没有所谓粒子"可区分或不可区分"的概念。每个经典的粒子都是有轨道可以精确跟踪的，这就意味着，所有经典粒子都可以互相区分。

我们回头来看看玻尔在概率问题中所犯的错误。通常来说，如果掷两枚硬币，鉴于每枚硬币都有不同的正反两面，所以可能的实验结果就有四种情况："正正""反反""正反""反正"。如果我们假设每种情形发生的概率都一样，那么，得到每种情况的可能性皆是1/4。

如果这两枚硬币变成了某种"不可区分"的两个粒子（所谓"不可区分"就是指这两种物体完全一模一样，所以才不可区分），既然不可区分，"正反"和"反正"就是完全一样的，所以，当观察两个这类粒子的状态时，所有可能发生的情形就只有"正正""反反""正反"三种情形。

这时，如果我们仍然假设三种可能性中每种情形发生的概率是一样的，那么我们便会得出"每种情况的可能性都是 1/3"的结论。也就是说，多个"一模一样、无法区分"的物体，与多个"可以区分"的物体，所遵循的统计规律是不一样的。

这个意料之外的错误让玻色意识到，这也许是一个"没错的错误"。基于此，玻色决定进一步研究概率 1/3 区别于概率 1/4 的本质。通过大量研究，玻色写出了一篇《普朗克定律与光量子假说》的论文。文中，玻色首次提出经典的麦克斯韦-波尔兹曼统计规律不适用于微观粒子的观点，认为统计粒子需要一种全新的统计方法。

玻色的假设得到了爱因斯坦的支持，实际上，玻色的"错误"之所以能得出正确结果，是因为光子正是一种不可区分的、后来被统称为"玻色子"的物体。对此，爱因斯坦心中早有一些模糊的想法，玻色的计算正好与这些想法不谋而合。爱因斯坦将玻色的论文翻译成德文，并发表于《德国物理学期刊》。玻色的发现让爱因斯坦将其写的一系列论文称为"玻色统计"；也因为爱因斯坦的贡献，如今，它被称为"玻色-爱因斯坦统计"；之后又有了在超低温下得到"玻色-爱因斯坦凝聚"的理论。

3.1.2　两个完全相同的粒子

在我们对宏观世界的认知里，世界上不可能存在两个完全相同的物体。即便是一对双胞胎，假设他们的基因完全一样，但他们各自的人生经历、记忆、吃的每顿饭都不可能是完全一样的，因此，表现在身体和大脑的神经连接上，这两个人总会存在差异。再如，同一个工厂、同一个批次生产出来的标准化产品，以手机为例，一条流水线上生产出来的两台手机是绝对相同的吗？肯定也不是。如果我们用放大镜去观察，总能找出零件上不同的磨痕、玻璃间细微的差异。

宏观世界里的任何两个物体，即便它们看起来完全相同，也能找出不同来。例如，我们把两个物体横排摆在面前，它们不可能在同一时间占据同一个位置，总得是一个在左边另一个在右边，那么这就将它们区分成了左边的物体和右边的物体，这就是不一样。

但玻色的假设打破了这一认识。这种互相不可区分的、一模一样的粒子在量子力学中称为"全同粒子"。所谓全同粒子，就是质量、电荷、自旋等内在性质完全相同的粒子，而这在宏观世界则是不可能的，因为根据经典力学，即使两个粒子完全相同，它们运动的轨道也不会相同。因此，我们可以追踪它们不同的轨道，进而区分它们。但是，在符合量子力学规律的微观世界里，粒子遵循"测不准"原理，没有固定的轨道，因而无法将它们区分开来。

全同性原理有时也称为全同粒子的不可分辨性。在普朗克看来，全同性的含义是双重的，即可交换性和不可分辨性。粒子全同性这个概念和粒子态的量子化有本质的联系。也是因为这个概念，经典粒子可以被区分，而全同粒子却不具备区分性。如果存在两个铁原子，制造的方法并不相同，但若两者在正常的情况下，假设都是处于基态的话，我们仍旧认为它们有全同性。这样的说法，经典理论显然是很难接受的。因此，量子领域的很多理论，确实是打破了我们的一些常规认识。

全同性原理是量子力学的基础公式之一，虽然无法进行证明，但是它的正确性已经在人们的探索实践中得到了反复的验证。它与测量公式、波函数公式、运算元公式、微观体系动力学演化公式一同构成了量子力学的数学体系。

3.1.3 自旋量子的背后

就在玻色提出量子全同性的同时，独立于玻色和爱因斯坦的三个年轻的物理学家也开始关注这个问题，他们就是泡利、费米和狄拉克。其中，泡利在 18 岁高中毕业后刚刚两个月，就发表了自己的第一篇论文，在论文里他研究了广义相对论。费米是少数几个同时精通理论和实验的物理学家。狄拉克性格孤僻、少言寡语、不善于与人交流，但这完全没有影响他的研究。在泡利、费米和狄拉克的研究下，另一种全同粒子"费米子"成功问世。

　　1922 年，玻尔到德国哥廷根访问时，做了一个系列讲座，介绍自己如何用量子理论来解释为什么元素周期表是那样排列的。尽管玻尔取得了一些进展，但依然无法解决其中最大的困难——电子为什么不聚集到最低的能级上？这个问题从此一直困扰着泡利。经过 3 年多的思考和研究，在他人成果的启发下，泡利终于在 1925 年把这个问题想清楚了。

　　泡利认为，为了解释元素周期表的排列规律，必须做两个假设：第一个假设是，除空间自由度外，电子还有一个奇怪的自由度。这一假设很快被证实，这个奇怪的自由度就是自旋。想要理解自旋，我们先要理解一个基本概念，就是电子的角动量。什么是角动量呢？最常见的一个比喻就是花样滑冰中的旋转动作，运动员把自己抱得越紧就会转得越快，其物理原因就是角动量守恒。所以仅从理解概念的角度来说，我们可以粗糙地认为，角动量就是转动扫过的圆面积和转速的乘积，这是一个固定的值，面积减小，速度就必然增大。

　　按照经典物理法则，电子与原子构成的总角动量是守恒的，但是物理学家在实验中发现，在某些情况下，这个系统的角动量会丢失一部分，难道在微观世界连角动量也不守恒了吗？后来，物理学家发现，守恒定律并没有被打破。因为电子自身也有角动量，整个系统丢失的角动量其实都转移到了电子自己身上，总的角动量依然是守恒的。因为角动量与旋转有关，所以物理学家就把电子的角动量称为自旋。值得一提的是，虽然称为自旋，但真实的电子并不是像陀螺一样绕着一个轴旋转的。

　　电子的自旋态只有两个自由度，那么，怎样理解所谓电子自旋的自由度呢？打个比方，假如我们把旋转的滑冰者比喻成一个电子的话，那么无论我们从哪个方向去观察滑冰的人，都只能看到两种结果中的一种，要么是头对着我们转，要么是脚对着我们转，不可能出现其他情况。这就是电子只有两个自由度的概念。

第二个假设是，任何两个电子不能同时处于完全相同的量子态，这个假设被称作"泡利不相容原理"。这个假设也启发了费米，最终推动了"费米子"假设的出现。相较于泡利，费米自 1924 年就开始思考电子是否可区分的问题。玻尔和索末菲尔德的量子理论完全无法解释氦原子的光谱。费米猜想主要的原因是氦原子中的两个电子完全相同、不可区分，但他一直不知道应该如何开展定量的讨论，直到看到泡利的文章。

1926 年，费米连续发表了两篇论文。费米在文章中描述了一种新的量子气体，气体中的粒子完全相同不可区分，而且每个量子态最多只能被一个粒子占据。这与玻色和爱因斯坦讨论过的全同粒子又有所不同，这种不同来源于电子的自旋，以及自旋所导致的不同的对称性。

除了理论的成就，费米在实验领域的成果也是常人难以企及的。他建立了人类第一台可控核反应堆，使人类进入原子能时代，被誉为"原子能之父"。因为他在物理学领域有很大的影响力，所以，100 号化学元素镄、美国芝加哥著名的费米实验室、芝加哥大学的费米研究院都是为纪念他而命名的。他还曾和杨振宁一起合作，提出基本粒子的第一个复合模型。可以说，费米对量子物理学的很多研究都是具有开创性的。

3.1.4　玻色子和费米子

从玻色到费米，两种类型的全同粒子成为量子理论向前发展的重要一步。

其中，玻色子是自旋为整数的粒子，如光子的自旋为 1。两个玻色子的波函数是交换对称的，当两个玻色子的角色互相交换后，总的波函数不变；而费米子的自旋则是半整数的，如电子的自旋是 1/2。

由两个费米子构成的系统的波函数是交换反对称的，即当两个费米子的角色互相交换后，系统总的波函数只改变符号。反对称的波函数与泡利不相容原理有关，所有费米子都遵循这一原理。因而，原子中的任意两个电子不能处在相同的量子态上，而是在原子中分层排列的。在这个基础上，得到了有划时代意义的元素周期律。

简单地理解，就是玻色子喜欢大家"同居一室"，所以都拼命挤到能量最低的状态。例如，光子就是一种玻色子，许多光子可以处于相同的能级，所以我们才能得到激光这种超强度的光束。而原子是复合粒子，情况要复杂一点。对复合粒子来说，若由奇数个费米子构成，则这个复合粒子为费米子；若由偶数个费米子构成，则为玻色子。

对于玻色子的原子，在一定的条件下，温度降低到接近绝对零度，那么所有玻色子会突然"凝聚"在一起，产生一些常态的物质中观察不到的"超流体"的有趣性质，被称为"玻色–爱因斯坦凝聚"。

通过对"玻色-爱因斯坦凝聚"的深入研究，就有可能实现"原子激光"之类前景诱人的新突破。

现在我们已经知道，微观粒子分为两类：一种叫玻色子；另一种叫费米子。玻色子满足"玻色-爱因斯坦统计"，即同一个量子态可以被多个玻色子占据，玻色子系的波函数是对称的；费米子满足费米-狄拉克统计，即一个量子态最多只能被一个费米子占据，费米子系的波函数是反对称的。

不可区分的全同粒子算起概率来的确与经典统计方法不一样。如图 3-1 所示，对两个经典粒子而言，出现 HH（两个正面）的概率是 1/4，而对光子这样的玻色子而言，出现 HH 的概率是 1/3。费米子也是全同粒子，它是符合泡利不相容原理（两个电子不能处于同样的状态）的全同粒子，如电子。我们仍然以两枚硬币为例，假设两枚硬币现在变成了"费米子硬币"，对两个费米子来说，它们不可能处于完全相同的状态，所以，四种可能情形中的 HH 和 TT（两个背面）状态都不成立，只留下唯一的可能性：HT（一个正面一个背面）。因此，对于两个费米子系统，出现 HT 的概率为 1，出现其他状态的概率为 0。

玻色子和费米子除自旋性质的区别外，还有一些不同。玻色子是有弹性的，彼此可以很好地处于同一个空间之中。费米子却不一样，它们会形成自己的空间并且排斥其他的费米子。从这一点来看，似乎玻色子更"无私"一些，费米子则和自然界中的一些动物很类似，有着很强的领地意识。常见的玻色子有希格斯粒子和光子，不遵循泡利不相容原理，低温时可以发生"玻色-爱因斯坦凝聚"。常见的费米子有中子、质子和电子等，遵循泡利不相容原理。

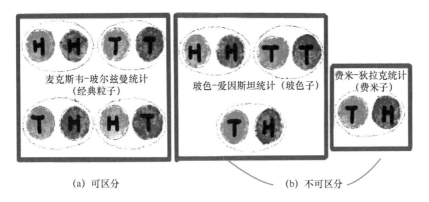

(a) 可区分　　　　　　　　　　　(b) 不可区分

图 3-1　经典粒子与全同粒子的概率计算

3.2　矩阵力学和"测不准"原理

在玻色、爱因斯坦、费米、狄拉克发展粒子全同性概念的同时，海森堡和玻恩等正在量子理论的另一个方向取得突破性进展，他们缔造了玻恩梦想的"量子力学"。20 岁时，海森堡引入了半整量子数；24 岁时，海森堡突破了旧的量子理论，创立了矩阵力学。

3.2.1　把矩阵运算带入量子世界

玻尔的理论成功地挽救了原子的有核模型，但为了解释氢原子或者核电荷数更多的原子，玻尔几乎想尽了办法，如改变轨道（能级）的形状，甚至一度放弃了能量守恒定律在微观世界内的普遍有效性。但这些办法都没有很好地解决问题。

为此，海森堡对问题的根本做了深刻的反思。他认为失败的关键在于引入了过多在实际观测中没有意义的概念。像"轨道""轨道频率"之类的概念，在物理实验中完全找不到它们的位置。因此，海森堡认为应该剔除这些无法观测的量，从实验中有意义的概念出发来改造玻尔的理论。海森堡注意到，尽管轨道（能级）是无法直接观察的，但是从一个能级跃迁到另一个能级所吸收或释放的能量是有直接的经验意义的。这些数据可以填入一张二维表格中，这些表格后来就演化为量子力学中的可观测量，它们之间可以进行特定的运算。实际上，这就已经把矩阵及其运算引入了亚原子物理学的领域中。

1925 年 9 月，海森堡发表了一篇论文，题目是《量子理论对运动学和力学关系的重新解释》，这篇论文具有里程碑的意义。海森堡在文中写到，这篇论文的目的是"建立量子力学的基础，这个基础只包括可观测量之间的关系"。随后，玻恩、约尔当、狄拉克等把海森堡的方法在数学上精细化、系统化。这标志着矩阵力学的诞生，是现代量子力学体系的直接来源之一。

在矩阵力学中，位置和动量这两个物理量不再用数字来表示，而是分别用一张庞大的表格（矩阵）来表示。这样一来，位置乘动量就不再等于动量乘位置，玻恩和约尔当计算出了这两个乘积之间的差值。

海森堡发明的矩阵力学，不但使海森堡获得了 1932 年的诺贝尔物理学奖，而且让他成为量子力学主流解释的人物。

3.2.2　从矩阵力学到"测不准"原理

1926 年 4 月，海森堡在著名物理学家的讨论会上，做了关于矩阵力学的报告，他介绍了矩阵力学的特点，强调量子力学规律可以通过"测量"进行验证。

会后，海森堡却发现，物理量测量有"不确定性"，也就是"测不准关系"。电子位置的精确度与动量精确度的乘积是一个常量，即普朗克常量的 12 倍。于是，海森堡将自己的这个发现写成论文《运动学与动力学量子理论感知要义》，并于 1927 年 4 月 22 日发表。

海森堡推导的"测不准"原理公式说明，实验对动量和位置的测量结果的偏差不能同时任意缩小：当一个量测量得越精确，另一个量的误差就会增大，位置和动量不可能同时得到精确的值。例如，当位置被非常精确地测量时，对动量的测量结果的偏差必然会比较大，反之亦然。

为了论证自己的"测不准"原理，海森堡设计了一个思想实验：假设我们想确定一个电子的位置，需要用显微镜观察电子反射的光子。显微镜的精度被光的波长所限制——波长越短，显微镜可以达到的精度就越高，但是相应地，光的波长越短，频率就越高，光子携带的能量就越大。

海森堡提出，使用波长非常短的伽马射线来观测电子。他认为可以通过伽马射线非常精确地测量电子的位置，但是要做到这一点要求至少有一个光子被电子反射。由于伽马射线的光子能量很高，因此碰撞会显著地改变电子的运动状态，也就是影响电子的动量。伽马射线显微镜可以很精准地告诉我们电子的位置，但是它的扰动也使动量的测量变得不准确。

尽管海森堡的"测不准"原理是一个令人感到疑惑的想法，但当我们用数学来描述它时，它就变得清晰得多。一个量子系统，如海森堡考虑的电子系统在某一时刻的状态由波函数描述，那么波函数的解只能给出系统具有某种性质的概率。这种概率性导致我们无法准确预测电子的位置。

也就是说，我们考虑的是电子在空间中的分布。如果测量一个电子，可以得到测量时它所处的具体位置，但是如果我们准备 100 万个处于同一状态的电子然后分别测量它们，就会发现测量到的位置分散在四周。我们所测量到的分散性反映了波函数带来的概率性。而我们想测量的其他性质也表现出相似的特点，如动量，我们所能预测的只是测得某些动量的概率。

如果我们想要从波函数中计算出粒子位置和动量取某些值的概率，就需要用到被称为算符的数学工具。量子力学中有很多种算符，如位置、动量等。这些算符如位置算符作用在波函数上，可以得到可能测量到的电子的位置，并且可以得到测量时电子处于某位置处的概率。每个算符都有一组被称为本征态的波函数，当电子处于位置本征态的状态时，电子处于某个位置的概率是 100%。

对于其他算符来说也是一样的。动量算符同样具有一系列本征态，处于本征态的粒子具有确定的动量。但是从数学上可以看出，粒子不可能同时处于动量和位置的本征态。就像 2+3 无论如何也不会等于 27 一样，算符对应的数学要求动量和位置不可能同时处于本征态。

从数学上讲，想让两个力学量同时具有确定值是不可能的。量子物理的不确定性限制了我们对电子的位置和动量测量精度的极限。

根据"测不准"原理，世界上没有绝对静止不动的物体。因为如果一个粒子的速度是绝对的 0，它就没有动量的不确定性，那么它的位置的不确定性就必须是无穷大，它必须同时出现在宇宙中所有的地方。事实上，即便是在绝对零度的温度条件下，粒子也会有一些微小的振动。

"测不准"原理说明，所谓"电子轨道"根本就没有意义。换言之，电子没有确定的位置，它会同时出现在原子核之外的各个地方，它呈现出来的是一片"云"。其实连中间的原子核也是云。而至于为什么在日常生活中，我们可以精确地知道一个物体的位置和速度，则是因为普朗克常数是一个很小的数值，那一点不确定性和宏观世界的尺度相比是微不足道的。

"测不准"原理是海森堡对量子力学做出的一项重要成果，随着量子理论的发展，人们认识到海森堡的"测不准"原理在微观世界中的重要性，并逐渐发现了一系列不可同时精确测量的物理量。如今，"测不准"原理已经被广泛地应用到高能物理、粒子物理、计算机、生物化学、哲学和经济学等领域，直接或间接地推动了这些领域的发展。

3.3　世界是一场碰运气的游戏吗

根据海森堡的假设，世界将是一场碰运气的游戏。宇宙中所有的物质都是由原子和亚原子组成的，而掌控原子和亚原子是偶然性而不是必然性。在本质上，量子力学理论认为，自然是建立在偶然性的基础上的。显然，这与我们的直观感觉相悖，而这种相悖自然也在量子力学领域引发了争议。

3.3.1　薛定谔不懂薛定谔方程

简单来说，海森堡的"测不准"原理是粒子在客观上不能同时具有确定的位置坐标和相应的动量。某一时刻的电子，有可能位于空间中的任何一点，只是位于不同位置的概率不同而已。换言之，电子在这一时刻的状态，是由电子在所有固定点的状态按一定概率叠加而成的，称为电子的量子"叠加态"。而每个固定的点，则被认为是电子位置的"本征态"。

在量子理论中，电子的自旋被解释为电子的内在属性，无论我们从哪个角度来观察自旋，都只能得到上旋或下旋两种本征态。那么，叠加态就是本征态按概率的叠加，两个概率的组合可以有无穷多种。

电子既"上"又"下"的叠加态，是量子力学中粒子所遵循的根本规律。光也是有叠加态的，例如，在偏振中，单个光子的电磁场在垂直和水平方向振荡，那么光子就是既处于"垂直"状态又处于"水平"状态。

但是，当我们对粒子（如电子）的状态进行测量时，电子的叠加态就不复存在了，它的自旋要么是"上"，要么是"下"。为了解释这个过程，海森堡提出了波函数坍缩的概念，即在人观察的一瞬间，电子本来不确定位置的"波函数"立刻就坍缩成某个确定位置的"波函数"。这就是所谓的哥本哈根解释。

在哥本哈根解释中，波函数本身可以被解释为一种概率云。它并没有显示出电子的实际状态，而是显示了当我们测量它时，我们得到一个特定结果的可能性有多大。但这只是一种统计模式，它不能证明波函数是真实的。

哥本哈根解释直接反映了实验中发生的情况，尽管并没有对观察量子系统时发生的情况做出详细的假设，但不可否认，在某种程度上，哥本哈根解释对电子和光子等量子系统是有效的。

但是，哥本哈根解释和量子叠加态，严重违背了人们的日常经验，薛定谔对哥本哈根解释尤其感到担忧。于是，为了反对哥本哈根学派对量子力学的诠释，薛定谔提出了一个有关猫的思想实验，这就是我们耳熟能详的"薛定谔的猫"。

薛定谔假设，有一只猫被关在一个装有有毒气体的箱子里，而决定有毒气体是否释放的开关则是一个放射性原子。在某一时刻，放射性原子会衰变，并释放出辐射粒子。探测器会发现它并且毒药瓶会破裂，释放出里面的毒药，杀死猫。

在量子力学中，放射性原子的衰变是一个随机事件。从外面看，没有观测者能看出原子是否衰变了。根据哥本哈根解释，在有人观察到原子（量子）之前，它处于两个量子态的叠加状态：衰变态和未衰变态。探测器、药瓶和猫的状态也是如此。所以猫处于两种状态的叠加状态：死和活。

因为盒子不受所有量子相互作用的影响，所以要想知道原子是否衰变并杀死猫，唯一的方法就是打开盒子。哥本哈根解释告诉我们，当我们打开盒子时，波函数坍缩，猫突然切换到一个确定的状态，要么死，要么活。但问题是，盒子的内部与外部世界并没有什么不同，在外部世界中，我们从来没有观察到一只处于叠加状态的猫，一只猫，要么是死的，要么是活的，怎么可能既死又活？

尽管现实中的猫不可能"既死又活"，但电子（或原子）的行为就是如此，这个实验使薛定谔站到了自己奠基的理论的对立面，因此，有物理学家调侃道，"薛定谔不懂薛定谔方程"。

3.3.2 寻找"薛定谔的猫"

薛定谔试图用这只"既死又活"的猫去反驳哥本哈根解释。微观量子系统可以遵循叠加原理，但宏观系统不能，通过将微观系统的原子与宏观系统的猫联系起来，薛定谔指出了他认为的哥本哈根解释中的一个缺陷：不适用于宏观状态。毕竟，在量子理论的形式主义中，有充分的理由要求任何测量、任何"可观测"都是一个本征函数。

哥本哈根解释说，测量过程以某种方式将复杂的叠加的波函数分解为单个分量的本征函数。如果薛定谔的方程允许波函数以这种方式表现，那么一切都没问题，但事实并非如此。波函数的瞬间坍缩不可能从薛定谔的数学中出现，相反，哥本哈根解释是对该理论的一种补充。

那么问题是，如果构建世界的基本量子都能以叠加态存在，为什么宇宙看起来是经典的？许多物理学家对此进行了实验，以证明电子和原子的行为确实与量子力学所说的一样。但重点是，理论家想知道猫是否能观察到自己的状态。他们的结论与薛定谔的逻辑相同，如果猫能观察到自己的状态，那么盒子里就包含了一只通过观察自己而自杀的死猫的叠加，还有一只观察到自己是活的猫，直到真正的观察者打开盒子。

测量过程并不是哥本哈根解释所假设的那种理想的操作。波函数坍缩为单个本征函数，描述了测量过程的输入和输出。但是，当我们进行真正的测量时，从量子的角度来看，我们所要做的事情极其复杂，要对其进行逼真的建模显然是不可能的。例如，为了测量电子的自旋，让它与一个合适的设备相互作用，这个设备有一个指针，可以移动到"上"或"下"的位置。这个设备产生一个状态，而且只有一个状态。我们看不到指针上下叠加的位置。

但实际上，这就是经典世界的运作方式。经典世界的下面是一个量子世界。用旋转装置代替猫，它确实应该以叠加状态存在。这个被视为量子系统的装置非常复杂，它包含了无数的粒子。从某种程度上来说，这个测量结果来自单个电子与无数粒子的相互作用。这使得物理学家很难使用薛定谔方程来分析一个真实的测量过程。

目前，我们对量子世界已有了一些了解。举一个简单的例子，一束光打在镜子上，在经典世界中，我们认为，反射光线的角度与入射光线的角度相同。物理学家理查德·费曼在其关于量子电动力学的书中解释说，这不是在量子世界中发生的事情。光线实际上是一束光子，每个光子都可以到处反射。

然而，如果叠加光子可能做的所有动作，就会得到斯涅尔定律。如果把一个光学系统的所有量子态叠加在一起，会得到经典的结果，光线沿着最短的路径走。

这个例子表明，所有可能的叠加——在这个光学框架中——产生了经典世界。最重要的特征并不是光线的几何细节，而是它在经典层面上只能产生一个世界。在单个光子的量子细节中，我们可以观察到所有叠加的物体，如本征函数等。但在人的尺度上，所有这些都被抵消了，从而产生了一个经典的世界。

这个解释的另一部分称为退相干。要知道，量子波有相位，也有振幅。相位对于任何叠加都是至关重要的。如果取两个叠加态，改变其中一个的相位，然后把它们加在一起，得到的和原来的完全不同。如果对很多分量做同样的处理，重新组合的波几乎可以是任何物体。相位信息的丢失破坏了"薛定谔的猫"一样的叠加。我们不仅看不清它是死是活，甚至看不出它是只猫。

当量子波不再有良好的相位关系时，它们开始变得更像经典物理，叠加失去了任何意义。使它们退相干的原因，则是与周围粒子的相互作用，而这就是仪器测量电子自旋并得到一个特定结果的原因。

这两种方法都得出了相同的结论：如果我们以人类的视角观察一个包含无数粒子的非常复杂的量子系统，我们会观察到经典物理现象。特殊的实验方法、特殊的设备，可能会保留一些量子效应，但当到达更大的尺度时，一般的量子系统就不会出现量子效应。

这是解释这只猫的命运的一种方法。只有当盒子完全不受量子退相干影响时，实验才能产生叠加的猫，而这样的盒子并不存在。

3.3.3　平行宇宙的可能

"薛定谔的猫"带来了量子世界的迷局，而对于"薛定谔的猫"的另一种解释，就是平行宇宙学说。由好莱坞著名导演克里斯托弗·诺兰执导的科幻巨制《星际穿越》综合了多种量子物理学中的现象，其中就包括了所谓的平行宇宙学说。

1957 年，休·埃弗雷特（Hugh Everett Jr）提出了量子力学的多世界诠释，埃弗雷特并不把观察视为一个特殊的过程。在多世界诠释中，猫的生和死的状态在盒子打开后仍然存在，但是彼此之间发生了退相干。换句话说，当盒子打开时，观察者和猫分裂成两个分支：观察者看着盒中的死猫和观察者看着盒中的活猫。但是由于死态和活态是退相干的，它们之间无法发生有效的信息交流或相互作用，这种状态被称为量子叠加态。由于与一个具有随机性的亚原子事件相关联，所以这个事件可能发生也可能不发生。

也就是说，埃弗雷特把这个系统当成了整个宇宙。所有东西都与其他东西相互作用，只有宇宙才是真正孤立的。埃弗雷特发现，如果我们迈出了这一步，那么猫的问题，以及量子和经典实相之间的矛盾关系就很容易解决了。宇宙的量子波函数不是一个纯粹的本征函数，而是所有可能本征函数的叠加。虽然我们无法计算出这些东西，但我们可以对它们进行推理。实际上，从量子力学的角度来说，我们正在把宇宙描绘成一个宇宙所能做的所有可能的事情的组合。

结果是猫的波函数不需要坍缩就可以得到一个经典的观测结果。它可以完全保持不变，不违反薛定谔方程。相反，有两个共存的宇宙。在其中一个实验中，猫死了；在另一个实验中，猫是活的。当你打开盒子时，相应的有两个你和两个盒子。一个独特的经典世界以某种方式从量子可能性的叠加中出现，取而代之的是一个广泛的经典世界，每个经典世界对应一个量子可能性。这就是量子力学的多世界解释。

随后有观点认为，如果考虑量子叠加，即使打开了盒子，可能出现在盒子中的猫，并不是之前的那只猫，因为很可能和平行宇宙中的另一只一模一样的猫互换了。换一种说法，就是每次的概率事件可能会产生等同概率的平行世界。而在这些平行宇宙中，存在着一个一模一样的"你"，身份背景等各种信息可能完全不同。很多物理学家接受了多世界的解释。薛定谔的猫真的既是活的又是死的，这就是数学上的结果。它就像你和我一样真实，是你和我。

　　宇宙很可能是各种状态极其复杂的叠加。如果你认为量子力学基本上是对的，那么它一定是对的。不过，霍金驳斥了多世界解释，1983 年，物理学家斯蒂芬·霍金说，从这个意义上说，多世界解释是"自明无误的"；但这并不意味着存在一个叠加宇宙。霍金认为："人们所做的一切，实际上只是计算条件概率，换句话说，在给定 B 的情况下，A 发生的概率。我认为这就是多世界的所有解释。"

第 4 章　一只猫的使命

4.1　计算的重构

尽管遭到了薛定谔的反对，但量子叠加态在 20 世纪 80 年代量子计算诞生后，已经被人们所深信不疑。其中，量子计算机就是量子叠加态最为典型的应用。

1981 年，著名物理学家费曼观察到基于图灵模型的普通计算机在模拟量子力学系统时遇到的诸多困难，进而提出了经典计算机模拟量子系统的设想。1985 年，当量子物理与计算机器"狭路相逢"时，通用量子计算机的概念诞生了。自此，量子力学进入了快速转化为真正的社会技术的进程，人类在量子计算机应用发展的道路上行进的速度也越来越快。如今，量子计算离我们已不再遥远。

4.1.1　从经典计算到量子计算

众所周知，经典计算机以比特（bit）为存储的信息单位，比特使用二进制，1 个比特表示的不是"0"就是"1"。但是，在量子计算机中，情况变得完全不同，量子计算机以量子比特（qubit）为信息单位，量子比特可以表示"0"，也可以表示"1"。

基于叠加这一特性，量子比特在叠加状态下还可以是非二进制的，该状态在处理过程中相互作用，做到"既 1 又 0"。这意味着，量子计算机可以叠加所有可能的"0"和"1"组合，让"1"和"0"的状态同时存在。正是这种特性使得量子计算机在某些应用中，理论上可以是经典计算机处理能力的好几倍。

经典计算机中的 2 位寄存器一次只能存储 1 个二进制数，而量子计算机中的 2 位量子比特寄存器可以同时保持所有 4 个状态的叠加。当量子比特的数量为 n 个时，量子处理器对 n 个量子位执行 1 个操作就相当于对经典位执行 2^n 个操作，这使得量子计算机的处理速度大大提升。

根据量子力学，在微观世界中，能量是离散化的，就像不停地用显微镜放大斜面，最后发现所有的斜面都是由一小级一小级的阶梯组成的一样，量子并不是某种粒子，它指代的是微观世界中能量离散化的现象。量子系统在经过"测量"之后就会坍缩为经典状态，这就是"薛定谔的猫"的思想实验。当我们打开密闭容器后，猫就不再处于叠加状态，而是死或者活的唯一状态。同样，量子计算机在经过量子算法运算后，每次测量都会得到唯一确定的结果，且每次结果都有可能不相同。

另外，由于另一种奇怪的量子特性——纠缠，即使量子比特在物理上是分开的，但两个或多个量子物体的行为却是相互关联的。根据量子力学定律，无论是毫米、千米还是天文距离，这种模式都是一致的。当 1 个量子比特处于两个基态之间的叠加状态时，10 个量子比特利用纠缠，可以处于 1 024 个基态的叠加状态。

与经典计算机的线性不同，量子计算机的计算能力随着量子比特数量的增加呈指数增长。正是这种能力赋予了量子计算机同时处理大量结果的非凡能力。当处于未被观测的叠加状态时，n 个量子比特可以包含与 2^n 个经典比特相同数量的信息。所以，4 个量子比特相当于 16 个经典比特，这听起来可能不是一个很大的改进。但是 16 个量子比特却相当于 65 536 个经典比特，300 个量子比特所包含的状态比宇宙中估计的所有原子都要多，这将是个天文数字。

这种指数效应就是人们如此期待量子计算机的原因所在。可以说，量子计算机最大的特点就是速度快。以质因数分解为例，每个合数都可以写成几个质数相乘的形式，其中，每个质数都是这个合数的因数，把 1 个合数用质因数相乘的形式表示出来，就叫作分解质因数。例如，6 可以分解为 2 和 3 两个质数。但如果数字很大，质因数分解就变成了一个很复杂的数学问题。1994 年，为了分解一个 129 位的大数，研究人员同时动用了 1 600 台高端计算机，花了 8 个月的时间才分解成功；但使用量子计算机只需 1s 就可以破解。

4.1.2 量子计算需要量子算法

正如经典计算一样，量子计算想要运行，也需要遵循一定的算法，就像普通算法是用来支持普通计算机解决问题的程序一样，量子算法是为超高速量子计算机设计的算法。量子算法不仅成全了量子计算机的无限潜力，也为人工智能带来了新的发展可能。

与经典计算机不同，量子计算机的信息单元是量子位。量子位最大的特点就是可以处于"0"和"1"的叠加态，即一个量子位可以同时存储"0"和"1"两个数据，而传统计算机只能存储其中一个数据。如一个两位存储器，量子存储器可同时存储"00""01""10""11"4 个数据，而传统存储器只能存储其中 1 个数据。

也就是说，n 位量子存储器可同时存储 2^n 个数据，它的存储能力将是传统存储器的 2^n 倍。因此，一台由 10 个量子位组成的量子计算机，其运算能力就相当于 1 024 位的传统计算机。而对于一台由 250 个量子位组成的量子计算机（$n=250$），它能存储的数据将比宇宙中所有原子的数目还要多。换言之，即使把宇宙中所有的原子都用来制造成一台传统的经典计算机，也比不上一台由 250 个量子位组成的量子计算机。

一直以来，以怎样的方式才能把这些量子位连接起来，怎样为量子计算机编写程序，以及怎样编译它的输出信号，都是实现量子计算机超强运算能力的严峻挑战。直到 1994 年，贝尔实验室的彼得·肖尔（Peter Shor）提出了一种量子算法，能有效地分解大数，把分解的难度从指数级降到了多项式级。

目前通用的计算机加密方案——RSA 加密，利用的就是质因数分解的时间复杂性：用目前最快的算法对一个大数进行质因数分解，需要花费的时间都在数年以上。但通过彼得·肖尔的算法，一台量子比特数足够多的量子计算机，能够轻易破解 RSA 模型下的任何大数。彼得·肖尔因此荣获 1999 年理论计算机科学的最高奖——哥德尔奖。

根据彼得·肖尔的测算，分解一个 250 位的大数，传统计算机用今天最有效的算法，再让全球所有计算机联合工作，也需要几百万年，而量子计算机只需几分钟。量子计算机分解 250 位大数时，进行的是 10 的 500 次方的并行计算。这是量子领域一个革命性的突破，这意味着，量子计算机也是可以进行计算的，由此引发了大量的量子计算和信息方面的研究工作。

1996 年，在彼得·肖尔开发出第一个量子算法不久后，贝尔实验室的洛弗·格罗弗（Lov Grover）也宣称他们发现了一种可以有效搜索排序的数据库的算法，能够在非结构化数据中进行闪电般的搜索。格罗弗算法的作用是从大量未分类的个体中，快速寻找出某个特定的个体。

4.1.3　今天的量子算法

大多数量子计算是在所谓的量子电路中进行的。量子电路是一系列在量子比特系统上运行的量子门。每个量子门都有输入和输出，其操作类似于经典数字计算机中的数字逻辑门。与数字逻辑门一样，量子门按顺序连接以实现量子算法。而量子算法作为量子计算机上运行的算法，其结构则是利用量子力学的独特性质（如叠加或量子纠缠）来解决特定问题的。

除彼得·肖尔提出的肖尔算法和洛弗·格罗弗提出的格罗弗算法外，现在主要的量子算法还包括量子进化算法（QEA）、量子粒子群优化算法（QPSO）、量子退火算法（QAA）、量子神经网络

（QNN）、量子贝叶斯网络（QBN）、量子小波变换（QWT）和量子聚类算法（QC）。在 Quantum Algorithm Zoo 网站，可以找到量子算法的综合目录。

量子软件是一个总称，指的是量子计算机指令的全部集合——从硬件相关的代码到编译器，再到电路、算法和工作流软件。

量子退火是基于电路的算法的替代模型，因为它不是由门构建的。"退火"在本质上是一种将金属缓慢加热到一定温度并保持足够时间，然后以适宜速度冷却的金属热处理工艺，其目的是降低金属材料和非金属材料的硬度，改善切削加工性，也可稳定尺寸、减少变形与裂纹倾向，以及消除组织缺陷。简言之，退火解决的是材料在研制过程中的材料工艺不稳定问题，而量子退火解决的则是组合优化等数学计算中的非优解问题。

量子退火就是通过超导电路、相干量子计算（CIM）实施激光脉冲等方式，以及基于模拟退火（SA）的相干量子计算与数字电路，如现场可编程门阵列（FPGA）等一起实现的量子算法。量子退火先从权重相同的所有可能状态（候选状态）的物理系统的量子叠加态运行，按照薛定谔方程进行量子演化。

根据横向场的时间依赖强度，量子在不同的状态之间产生量子隧穿，使得所有候选状态不断改变，实现量子并行性。当横向场最终被关闭时，预期系统就已得到原优化问题的解，也就是到达相对应的经典伊辛模型（Ising Model）基态。在优化问题的情况下，量子退火使用量子物理学来找到问题的最小能量状态，这相当于其组成元素的最佳或接近最佳组合。

伊辛机（Ising Machine）是一种非电路替代方案，专门用于优化问题。在伊辛模型中，来自原子集合中每对电子自旋之间相互作用的能量是加总到一起的。由于能量大小取决于自旋是否对齐，所以集合的总能量取决于系统中每个自旋指向的方向。一般的伊辛优化问题是确定自旋应该处于哪种状态，以便使系统的总能量最小。使用伊辛模型进行优化，需要将原始优化问题的参数映射到一组有代表性的自旋中，并定义自旋如何相互影响。

混合计算通常需要将问题（如优化）转换为量子算法，其中，第一次迭代在量子计算机上运行。尽管可以快速地提供一个答案，但它只是对有效整体解空间的粗略评估。然后，用功能强大的经典计算机找到精确的答案，这个过程只需检查原始解空间的一个子集。

4.2 量子计算争霸赛

2019 年，谷歌率先宣布实现"量子霸权"（"量子优越性"），将量子计算推入公众视野，激起量子计算领域的千层浪。2020 年，中国团队宣布量子计算机"九章"问世，挑战谷歌"量子霸权"，实现算力全球领先。"九章"作为一台 76 个光子、100 个模式的量子计算机，处理"高斯玻色取样"的速度比最快的超级计算机"富岳"快一百万亿倍。史上第一次，一台利用光子构建的量子计算机的表现超越了运算速度最快的经典超级计算机。

同时，"九章"也等效地比谷歌于 2019 年发布的 53 个超导比特量子计算机原型机"悬铃木"快一百亿倍。这一突破使我国成为全球第二个实现"量子霸权"的国家，并将量子计算研究推至下一个里程碑。

4.2.1　量子霸权是什么

"量子霸权"并不具有像其词义所表示的字面含义那样，它只是一个单纯的科学术语，是指量子计算机在某个问题上超越现有的最强的经典计算机，故而也称"量子优越性"。

2019 年，谷歌宣布率先实现"量子霸权"。根据谷歌的论文，该团队将其量子计算机命名为"悬铃木"，处理的问题大致可以理解为"判断一个量子随机数发生器是否真的随机"。"悬铃木"包含 53 个量子比特的芯片，仅花 200s 就能对一个量子线路取样一百万次，而相同的运算量在大型超级计算机 Summit 上则需要 1 万年才能完成。200s 之于一万年，如果这是双方的最佳表现，便意味着量子计算比超级计算具有压倒性的优势。因此，这项工作也被认为是人类历史上首次在实验环境中验证了量子优越性，被《自然》期刊认为在量子计算的历史上具有里程碑意义。

"量子霸权"最初由加州理工学院的约翰·普雷斯基尔（John

Preskill）定义，即量子计算机的能力超过任何可用经典计算机的能力；通常被认为是建立在经典架构上的最先进的超级计算机。曾经，人们估计拥有 50 个或更多个量子比特的量子计算机就可以演示"量子霸权"。但一些科学家认为，这更多地取决于在相干性衰减之前，在 1 个量子比特系统中可以执行多少逻辑操作（门），而相干性衰减时，错误会激增，进一步的计算将变得不可能。

此外，量子比特如何连接也很重要。这使得 IBM 的研究人员在 2017 年制定了量子体积（QV）的概念。更大的量子体积意味着更强大的计算机，但不能仅通过增加量子比特数来增加量子体积。量子体积是一种与硬件无关的性能测量，基于门的量子计算机须考虑许多因素，包括量子比特的数量、量子比特的连通性、门保真度、串扰和电路编译效率等。

2020 年末，IonQ 公司宣布其第 5 代量子计算的量子体积为 400 万（IonQ 提出的算法量子比特标准）。在此之前，霍尼韦尔的 7 个量子比特离子阱量子计算机拥有当时业界最高的公开量子体积——128 位，第二高的是 IBM 的 27 个量子比特超导量子机器，量子体积为 64 位。2021 年 7 月，霍尼韦尔声称通过更新版本的 System Model H1，达到 1 024 位的量子体积，是迄今为止实验测得的最高量子体积。

2020 年，在谷歌宣布实现"量子霸权"的一年后，中国科学家团队研发出的"九章"在"悬铃木"的基础上更进一步。

"悬铃木"对量子优越性的实现依赖其样本数量。事实上，虽然根据 2019 年 10 月谷歌在《自然》期刊上刊登的报告，"悬铃木"完成"随机线路采样"任务用了约 200s 的时间进行了一百万次采样，但如果采集 100 亿个样本，超级计算机只需 2 天，可"悬铃木"却需要 20 天才能完成，量子计算反而丧失了优越性。

　　然而，"九章"所解决的高斯玻色取样问题，使其量子计算优越性不依赖于样本数量。同时，从等效速度来看，"九章"在同样的赛道上，比"悬铃木"还快了一百亿倍。根据目前最优的经典算法，"九章"花 200s 采集到的 5 000 万个样本，如果用我国的"太湖之光"来采样，需要运行 25 亿年，如果用超级计算机"富岳"来采样，也需要 6 亿年。

　　此外，在态空间方面，"九章"也以输出量子态空间规模达到 1 030 的优势，远远优于"悬铃木"。"九章"的出色表现，牢固确立了我国在国际量子计算研究中的第一方阵地位，更是量子计算领域的一个重大成就。

4.2.2　经典计算 VS 量子计算

　　基于量子的叠加性，许多量子科学家认为，量子计算机在特定任务上的计算能力将会远超任何一台经典计算机。但从目前来看，实现"量子霸权"仍然是一场持久战。

　　科学家认为，当可以精确操纵的量子比特超过一定数目时，"量子霸权"就可能实现。这包括两个关键点：一是操纵的量子比特的数量，二是操纵的量子比特的精准度。只有当两个条件都达到时，才能实现量子计算的优越性。

然而，无论是用 53 个量子位实现"量子霸权"的"悬铃木"，还是构建了 76 个光子实现"量子霸权"的量子计算原型机"九章"，人们操纵量子比特的数量在不断提高，但仍需面对量子计算精准度和不可小觑的超算工程潜力。

其中，量子比特能够维持量子态的时间长度，被称为量子比特相干时间。其维持"叠加态"（量子比特同时代表"1"和"0"）的时间越长，能够处理的程序步骤越多，可以进行的计算就越复杂。当量子比特失去相干性时，信息就会丢失，因此，量子计算技术还面临如何去控制和读取量子比特，然后在读取和控制达到比较高的保真度之后，对量子系统做量子纠错的操作。

同时，经典计算的算法和硬件也在不断优化，超算工程的潜力更是不可小觑。例如，IBM 宣称，实现 53 个量子比特的量子随机线路采样，经典模拟完全可以只用 2 天多时间，甚至还可以更快。

而如前述，"悬铃木"量子优越性的实现依赖其样本数量。当采集 100 万个样本时，"悬铃木"相比超级计算机拥有绝对优势，而当采集 100 亿个样本时，其反而丧失了优越性。

在很长一段时间里，量子计算机的优越性都只针对特定任务。例如，谷歌的量子计算机针对的是一种叫作"随机线路采样"（Random Circuit Sampling）的任务。一般来说，在选取这种特定任务时，需要经过精心考量，该任务最好适合已有的量子体系，但对于经典计算来说很难模拟。

　　这意味着，量子计算机并不是对所有问题的解决水平都超过经典计算机，而是只对某些特定问题的解决水平超过经典计算机，因其对这些特定的问题设计了高效的量子算法。对于没有量子算法的问题，量子计算机则不具有优势。

　　事实上，这也是"九章"的创造性突破所在。"九章"二次演示的"量子霸权"不仅证明了原理，更有迹象表明，"高斯玻色取样"可能有实际用途，如解决量子化学和数学领域中的专门问题。更广泛地说，掌握控制作为量子比特的光子的能力是构建任何大规模量子互联网的先决条件。

　　总体来说，无论是量子计算的速度还是精度，无论是经典计算的潜力还是局限，量子计算和经典计算的竞争都将是一个长期的动态过程。

　　用人们的日常眼光来看，量子物理学中的一些事物看起来"毫无章法"，有的似乎完全说不通，但这正是量子力学的迷人之处，是科学家努力的意义所在。对于量子力学的诠释可以理解成物理学家在尝试找到量子力学的数学理论与现实世界的某种"对应"。从更深层的角度来看，每种诠释都反映着某种世界观。

　　人们欣喜于每次技术的突破，也正是在这些努力中，人类文明才能不断前进。正如此次量子计算机被命名为"九章"一样，来自《九章算术》的中国古代教科书般的意义，也寄托了人们对未来世界的想象和愿望。

4.3　量子计算如何改变世界

量子力学是物理学中研究亚原子粒子行为的一个分支，而运用神秘的量子力学的量子计算机，超越了经典牛顿物理学极限的特性；实现计算能力的指数级增长则成为科技界长期以来的梦想。

4.3.1　量子计算的应用方案

当前，在全尺寸量子计算机可用之前，已经有部分量子计算机投入应用。其中，最突出的是小规模量子计算和经典计算在所谓的"混合量子计算"中的结合。另一个是量子启发计算算法在经典计算机硬件上的潜在实现。量子启发计算是基于这样一种想法，即一个在经典计算机上难以解决的问题可能会变得更容易解决，它被重新定义为一种受到量子物理学启发的方式，执行仍然是经典的。

区分经典计算和量子计算的一个很实用的定义是：如果一个解决方案利用了叠加和纠缠的量子力学原理，它就可以被称为量子解决方案，或者至少是一个混合经典/量子解决方案。如果这个解决方案不利用这些现象，我们将称其为经典解决方案，即使它可能看起来不像一个普通的经典计算解决方案。

　　量子启发计算可以使用标准计算机硬件或专用计算机硬件来实现。通常，量子启发软件是量子就绪的，一旦硬件可用，可以很容易地移植到真正的量子计算机上运行。在真正的量子计算机上运行时，量子启发软件将更加强大。

　　微软的量子启发算法旨在于标准计算机上运行，并且已经在用例中取得成功。例如，改进放射扫描中的癌症检测。微软声称，其量子启发算法"对于优化问题特别有用，这涉及筛选大量的可能性来找到最佳或高效的解——这些解非常复杂，需要非常强大的计算能力，以至于当前的技术难以解决这些问题"。

　　微软还称，通过将复杂的计算问题转化为量子启发的解决方案，其智能云平台 Azure 可以实现几个数量级的性能加速。微软已经与跨国咨询公司 Willis Towers Watson 及金融服务公司 Ally 合作，探索这类算法如何在风险管理、金融服务和投资领域发挥作用。

　　Quantum Computing Inc.（美国量子计算公司）也是标准计算机硬件实现的一个例子。他们提供了一个名为 Qatalyst 的软件平台，通过在标准计算机硬件上运行量子启发的软件，用户可以利用量子计算的最新突破。事实上，其中一个应用就是 QAA（量子资产分配器），它使用量子启发的技术来解决妨碍最优投资组合配置的 NP-hard（非确定性多项式）问题。该公司声称，QAA 可以解决 NP-hard 问题，包括基数约束和最小买入约束。Qatalyst 软件在真正的量子计算机可用时就可投入使用。

东芝的模拟分岔机（SBM）是标准计算机硬件实现的另一个例子，它运行在通用的经典计算机上，声称可以高速解决大规模组合优化问题，且比模拟退火方法快 100 倍。

富士通的数字退火机（Digital Annealer）是专用计算机硬件实现的一个例子。它是"专门为更有效地解决更大更复杂的组合优化（CO）问题设计的"。

4.3.2　量子计算的无限可能

2021 年初，福布斯报道称，领先的量子计算将应用于人工智能/机器语言、金融服务、分子模拟、材料科学、石油/天然气、安全、制造、运输/物流、IT 和医疗保健（制药）等各行各业。

此外，量子计算为未来的科技发展提供了诱人的可能性，尝试利用这一新硬件力量的研究人员，则主要从以下三个方面入手。

一是分析自然世界：以今天的计算机无法比拟的精度，用量子计算机模拟分子的行为。其中，计算化学是最广阔的一个应用领域。事实上，在过去几年里，量子计算机在用越来越多的经验证据取代猜测，贡献的价值已经越来越大。

例如，模拟一种相对基础的分子（如咖啡因）将需要一台 10^{48} 比特的传统计算机，这相当于地球上原子数量的 10%。而模拟青霉素则需要 10^{86} 比特，这个数字比可观测宇宙中的原子数量总和都要大。传统计算机永远无法处理这种任务，但在量子领域，这样的计算则成为可能。理论上，一台 160 个量子比特的量子计算机就可以模拟咖啡因，而模拟青霉素需要 286 个量子比特的量子计算机。这为设计新材料或者找到更好的方法来处理现有工艺提供了更便捷的手段。

2020 年 8 月 27 日，谷歌量子研究团队宣布，其在量子计算机上模拟了迄今最大规模的化学反应。相关成果登上了《科学》期刊的封面，题为《超导量子比特量子计算机的 Hartree-Fock 近似模拟》（*Hartree-Fock on a Superconducting Qubit Quantum Computer*）。

为了完成这项最新成果，研究人员使用"悬铃木"处理器，模拟了一个由两个氮原子和两个氢原子组成的二氮烯分子的异构化反应。最终，量子模拟与研究人员在经典计算机上进行的模拟一致，验证了他们的工作。值得一提的是，这项新研究所用的"悬铃木"正是被《自然》期刊认为在量子计算的历史上具有里程碑意义的 53 个量子位处理器。尽管这种化学反应可能相对简单，也不是非量子计算机不可为，但这展示了利用量子模拟开发新的化学物质的巨大潜力。

二是量子计算也有望为人工智能带来更多好处。目前，针对人工智能产生的量子算法潜在应用包括量子神经网络、自然语言处理、交通优化和图像处理等。其中，量子神经网络作为量子科学、信息科学和认知科学多个学科交叉形成的研究领域，可以利用量子计算的强大算力，提升神经计算的信息处理能力。

在自然语言处理上，2020 年 4 月，剑桥量子计算公司宣布在量子计算机上执行的自然语言处理测试获得成功。这是量子自然语言处理应用在全球范围内首次获得的成功验证。研究人员利用自然语言的"本征量子"结构将带有语法的语句转译为量子线路，在量子计算机上实现程序处理的过程，并得到语句中问题的解答。利用量子计算，有望实现自然语言处理在"语义感知"方面的进一步突破。

三是量子计算对于复杂问题的优化可能性，而这些复杂问题对于今天的计算机来说变量往往太多。例如，量子计算在复杂问题方面的一个用途是建立更好的金融市场模型，通过发明新数字来加强加密性，并提高混乱和复杂领域的运营效率，如交易清算和对账。衍生品定价、投资组合优化，以及在高度复杂和不断变化的情况下管理风险，都是量子系统可以处理的事情。

4.3.3　升级信息时代

即便量子计算的发展面对诸多现实性的艰巨挑战，但量子计算依然是物理学家和计算机科学家数十年来一直梦想的潜在革命性的技术。除能够探索更复杂的问题外，量子计算机发展还从根本上给人类社会带来了一次信息化的升级，其或许可以帮助人们在未来以更快更安全的方式处理数字化信息。

众所周知，人类历史上发生了三次工业革命，第一次是蒸汽时代，第二次是电气时代，第三次则是信息时代。而以计算机的广泛应用为标志的第三次工业革命，目前又在进化为以互联网、大数据和人工智能为开端的第四次工业革命。在第三次和第四次工业革命中，计算机起着重要的主导作用。芯片，作为计算机的"大脑"，更是技术革命的重中之重。

1965 年，英特尔联合创始人戈登·摩尔预测，集成电路上可容纳的元器件数目每隔 18～24 个月会增加一倍。摩尔定律归纳了信息技术进步的速度。在摩尔定律应用的 50 多年里，计算机得以进入千家万户，成为多数人不可或缺的工具，信息技术由实验室进入无数个普通家庭，互联网将全世界联系起来，多媒体视听设备丰富着每个人的生活。

摩尔定律对整个世界意义深远。然而，经典计算机在以"硅晶体管"为基本器件结构延续摩尔定律的道路上终将受到物理限制。在计算机的发展中，晶体管越做越小，中间的绝缘层越来越薄。3nm 的晶体管直径只有十几个原子的宽度。在微观体系下，电子会发生量子的隧穿效应，不能精准表示"0"和"1"，这也就是通常说的摩尔定律碰到"天花板"的原因。

尽管研究人员也提出了更换材料以增强晶体管内阻隔的设想，但事实是，无论用什么材料，都无法阻止电子隧穿效应。这一难点问题对于量子来说却是天然的优势，毕竟半导体就是量子力学的产物，芯片也是科学家在认识电子的量子特性后研发而成的。

此外，基于量子的叠加特性，量子计算就像算力领域的"5G"，它带来的也绝非只是速度本身的变化。例如，在围棋领域战胜全体人类的 AlphaGo，从其最初研发到最终战胜全球冠军，一方面是人工智能算法的"软成长"，另一方面则是运行 AlphaGo 的 NPU（嵌入式神经网络处理器）在算力上的"硬成长"。两者之间任何一个要素的发展都可能使 AlphaGo 变得更"聪明"。

基于强大的运算能力，量子计算机有能力迅速完成电子计算机无

法完成的计算，量子计算在算力上带来的成长，甚至有可能造就第
四次人工智能浪潮。

尽管对于当前来说，量子计算并不像传统计算那样具有通用性，
但其作为通往一个陌生新世界的门户来到我们面前，是一个让我们能
够以修正的定义来看待当前世界的入口。从长远来看，在世界范围内
的布局和发展下，量子计算极有可能彻底消除时间障碍，成本障碍也
将随之降低，未来或将出现全新类型的机器学习范式，但在真正像传
统计算机那样具有通用功能的通用量子计算机成型之前，量子计算依
然需要一段漫长的探索过程。

4.4　量子计算，离商业化还有多远

1981 年，物理学家费曼首次提出量子计算机的概念，指出通过
应用量子力学效应，能大幅提高计算机的运算速度，经典计算机需要
几十亿年才能破译的密码，量子计算机在 20 分钟内即可破译。如
今，量子计算理论已经发展了 40 多年。

1994 年，贝尔实验室证明了量子计算机能完成对数运算，而且
速度远胜于传统计算机，这也是量子计算理论提出后的首次成功实
验。自此，各界发现量子计算机的可行性，往后的十几年，大量资本
进入量子计算研究领域，量子计算机逐步由"实验室阶段"向"工程

应用阶段"迈进。

4.4.1　量子计算正在吸金

当前，量子计算越来越受到重视。作为打破摩尔定律、实现计算机算力指数级增长的新兴技术，量子计算吸引了无数科技公司、大型学术团体为其投入。

事实上，尽管对量子计算行业未来的预测各不相同，但几乎所有观点都认为其规模将是巨大的。正如量子信息跟踪网站"量子计算报告"的运营者道格·芬克（Doug Finke）所说："我认为量子计算的市场到 2025 年前后能达到 10 亿美元，且可能在 2030 年前达到 50 亿～100 亿美元。"后者的价值相当于今天高性能计算市场的 10%～20%。根据霍尼韦尔（Honeywell）的估计，未来 30 年，量子计算的价值可能达到 1 万亿美元。

根据波士顿咨询的预测，保守看来，到 2035 年，量子计算市场将达到 20 亿美元的体量。随着采纳率的提高，到 2050 年，量子计算的市场规模将飙升至 2 600 亿美元。如果当前限制量子计算发展的主要因素——物理量子位的错误率——能够显著降低，那么到 2035 年，量子计算的市场规模将达到 600 亿美元，并在 2050 年增加到 2 950 亿美元。与之相比，当今全球商业及消费市场总规模为 8 000 亿美元。

基于量子计算的广阔市场前景，就不难理解，为什么量子计算的商业化能吸引到大量公共和私人的投资。主流风投公司及大公司已经开始押注私人量子计算公司。谷歌、IBM、霍尼韦尔这样体量的公司正在大量投资量子计算，采用包括自主研发、私募股权投资、合作等手段。一份报告称，仅 2021 年，就有超过 10 亿美元的私人投资用于量子计算研究。

其中，大多数项目、公司处于早期发展阶段，多为种子轮、A 轮，甚至是孵化/加速状态。值得注意的是，投资量子计算的主体有很大的特殊性，由于量子计算的超强计算能力、量子密码构成的通信网络的加密性，"国家队投资"在其中扮演了不可或缺的推动力量。

事实上，除主流投资机构、大型公司参与其中外，类似美国 DOE（能源部）、CIA（中央情报局）、NASA（国家航空航天局）、加拿大 STDC（可持续发展技术公司）、澳大利亚电信等"国家队"的角色也起到了不小的助推作用。它们以捐赠、投资、孵化等形式推动量子计算的科研和商业化。例如，谷歌的量子计算项目之一是与 NASA 合作的，将该技术的优化能力应用于太空旅行。

此外，美国政府准备投入约 12 亿美元到 NQI（国家量子计划）项目中。该项目于 2018 年末正式启动，为学术界和私营部门的量子信息科学研发提供总体框架。英国国家量子技术计划（NQTP）于 2013 年启动并承诺在 10 年内投入 10 亿英镑，目前该计划已进入第二阶段。

尽管我国科技公司相比美国相关公司进入量子计算领域的时间晚，但近年来，行业领军公司和科研院所已陆续在量子计算领域进行布局。2021 年"两会"期间，量子信息技术首次被提及，成为中国面向"十四五"时期重点突围的核心技术之一，同时也是"国家安全和全面发展"的七个战略性领域之一。

科技龙头企业方面，腾讯于 2017 年进军量子计算领域，提出用"ABC2.0"技术布局，即利用人工智能、机器人和量子计算，构建面向未来的基础设施。华为于 2012 年起从事量子计算的研究，量子计算作为华为中央研究院数据中心实验室的重要研究领域，研究方向包括量子计算软件、量子算法与应用等。阿里巴巴则一方面通过建立实验室，进行以硬件为核心的全栈式研发，另一方面通过构建生态，与产业链上中下游的合作伙伴探索落地应用。

可见，无论是科技公司，还是初创公司，都对量子计算寄予厚望且满怀热情。

4.4.2　中美之争，点燃量子计算

量子技术远超当前任何一个国家所拥有的关于计算机领域的技术，包括芯片技术，以及当前一直在讨论的区块链技术。因此，作为全球科技前沿的重大挑战之一，量子计算成为世界各国角逐的焦点，尤其是中美。

美国是最早将量子信息技术列为国防与安全研发计划的国家，也是进展最快的国家。早在 2002 年，美国国防部高级研究计划局（DARPA）就制定了《量子信息科学与技术规划》。2018 年 6 月，美

国通过《国家量子倡议法案》，计划在 10 年内拨给能源部、国家标准与技术研究所和国家科学基金 12.75 亿美元，全力推动量子科学发展。

就美国企业而言，谷歌早在 2006 年就创立了量子计算项目。2019 年 10 月，谷歌在《自然》期刊上宣布了使用 53 个量子位处理器"悬铃木"，实现了量子优越性。这是人类历史上首次在实验环境中验证了量子优越性。

2020 年 8 月，谷歌在量子计算机上模拟了迄今最大规模的化学反应，通过使用量子设备对分子电子能量进行 Hartree-Fock 计算，并通过变分量子本征求解进行纠错处理，以完善其性能，进而对化学过程进行准的计算预测。也就是说，谷歌已经进入研制量子计算机的第二阶段。

除谷歌外，2015 年，IBM 在《自然通讯》上发表了使用超导材料制成的量子芯片原型电路；2020 年 8 月，IBM 实现了 64 位量子体积的量子计算机开发，量子体积是 IBM 提出的用于测量量子计算机强大程度的一个性能指标；2020 年 9 月，IBM 发布了一份野心勃勃的路线图——到 2023 年底，IBM 可以构建出 1 000 个量子比特的量子计算机。

英特尔则一直在研究多种量子位类型，包括超导量子位、硅自旋量子位等。2018 年，英特尔成功设计、制造和交付 49 个量子比特的超导量子计算测试芯片 Tangle Lake，算力等于 5 000 颗 8 代 i7，并且允许研究人员评估改善误差修正技术和模拟计算问题。

我国亦在持续加码相关投入。对于中国而言，要想在科技方面具备话语权，真正地实现科技领域的超车，量子科学是非常关键的。根据"十四五"规划，当前，我国已将量子信息纳入国家战略科技力量和战略性新兴产业，加快布局量子计算、量子通信、神经芯片、DNA存储等前沿技术，加强信息科学与生命科学、材料等基础学科的交叉创新。

我国在量子计算领域获得的突破和成就是显著的。2020 年 12 月，中国首次宣布实现了量子计算优越性。中国科学团队制造的"九章"量子计算机，可在几分钟内完成一个特定的计算，而世界上最强大的超级计算机需要 20 多亿年才能完成。

随后，中国又宣布成功研制 113 个光子的"九章二号"量子计算原型机。根据现已正式发表的最优经典算法理论，"九章二号"处理高斯玻色取样的速度比最快的超级计算机快 1 024 倍。同时，66 个比特可编程超导量子计算原型机"祖冲之二号"，实现了超导体系量子计算优越性，计算复杂度比谷歌"悬铃木"还提高了 6 个数量级。

尽管从实验室到现实仍有距离，但量子科学的发展给人类文明带来的重构是毋庸置疑的，尤其是对量子纠缠、多维空间，以及时空穿梭的探索。当这些技术不断地被验证、被实现的时候，对当前所构建的物理学，以及在当前物理学基础上所发展起来的科学认知观念都将被更新。

4.4.3　技术需突破，规模难扩大

量子计算的颠覆性是可预见的，但是，想要量子计算真正投入生产生活中，仍有一段距离。由于技术仍处于开发阶段，在量子科技从学术落地到企业商业化过程中，该行业依然存在"技术需突破、规模难扩大"的现实困境。

当前，量子计算商业化仍停留在技术探索阶段。尽管，量子计算已经在理论与实验层面取得了一些重大突破，包括美国、欧洲、中国在内的一些国家和地区，都在量子科技层面取得了不同的突破与成就，也有了一些相应的商业运用。但目前这些商业运用都还处于早期阶段，或者说处于技术的探索运用阶段。

究其原因，打造量子计算机的前提是需要掌握和控制叠加与纠缠：如果没有叠加，量子比特将表现得像经典比特，并且不会处于可以同时运行许多计算的多重状态。如果没有纠缠，即使量子比特处于叠加状态，也不能通过相互作用产生额外的洞察力，从而无法进行计算，因为每个量子比特的状态将独立于其他量子比特。

可以说，量子比特创造商业价值的关键就是有效地管理叠加和纠缠。其中，量子叠加和纠缠的状态也被称为"量子相干"状态，在此状态下，量子比特会相互纠缠，1 个量子比特的变化会影响其他所有量子比特。为了实现量子计算，就需要保持所有的量子比特相干。然而，量子相干实体所组成的系统和其周围环境的相互作用，会导致量

子性质快速消失，即"退相干"。

算法设计的目的是减少门的数量，以便在退相干和其他错误源破坏结果之前完成执行。这通常需要一个混合计算方案，将尽可能多的工作从量子计算机转移到经典计算机。目前，科学家猜测，真正有用的量子计算机需要 1 000～100 000 个量子比特。然而，正如著名量子物理学家米哈伊尔·迪阿科诺夫等量子计算怀疑论者指出的，描述有用的量子计算机状态的大量连续参数也可能是其致命弱点。以 1 000 个量子比特为例，这意味着量子计算机至少有 $2^{1\,000}$ 个连续参数随时描述其状态，这个数字大于宇宙中亚原子粒子的数量，那么，如何控制误差是不可想象的。

根据科学家的说法，阈值定理证明这是可以做到的。他们的论点是，只要每个量子门的每个量子比特的错误低于某个阈值，无限长的量子计算将成为可能，代价是要大幅增加所需的量子比特数。额外的量子比特需要通过使用多个物理量子比特形成逻辑量子比特来处理错误。这有点像当前电信系统中的纠错，要使用额外的比特来验证数据。但这大大增加了要处理的物理量子比特的数量，正如我们所见，这已经是一个天文数字，也体现了科学家和工程师必须克服的技术问题之艰难。

打个比方，对于经典计算机中使用的典型 3V（伏）CMOS 逻辑电路，二进制"0"将是在 0～1V 测量的任何电压，而二进制"1"将是在 2～3V 测量的任何电压。例如，将 0.5V 的噪声添加到二进制"0"的信号中，测量结果将为 0.5V，这仍将正确指示二进制"0"。因此，经典计算机对噪声的抵抗力很强。

然而，对于一个典型的量子比特，"0"和"1"之间的能量差仅为 10～24J（这是 X 射线光子能量的十亿分之一）。纠错是量子计算中需要克服的最大障碍之一，令人担忧的是，它会在辅助计算方面带来巨大的开销，从而难以发展量子计算机。

另外，从商业化角度来说，目前量子科技赛道的企业几乎没有实现累计盈利。由于技术壁垒较高，企业的研发投入动辄高达数十亿元，产品却依旧在不断试错中，商业化难以开拓。以 IonQ 为例，作为一家专注于量子计算的独角兽公司，根据该公司发布的财务数据，2019 年、2020 年，该公司实现收入 20 万美元、0 美元，而净亏损分别为 892.6 万美元、1 542.4 万美元，商业化程度极低，投入资金大部分为研发费用。

道格·芬克追踪了 200 多家量子技术初创企业后，预计绝大多数企业在 10 年内不复存在，至少不复以目前的形式存在。他表示："可能会有一些赢家，但也会有很多输家，有些将倒闭，有些将被收购，有些将被合并。"

尽管目前的量子计算技术获得了一系列的突破，并处于不断突破的过程中，世界各国政府也都非常重视，并投入了大量的财力、人力，但距离真正的规模性商业化还有一段路要走。规模商业化需要的是对技术稳定性的要求，这与实验性与小规模应用有着本质的区别。

目前，量子计算技术面临的核心问题还是在实证物理阶段的困扰，其在理论物理阶段已经基本成熟，但当进入实证物理阶段时，我们需要的是让这个难以琢磨、极为不稳定的量子纠缠成为一种可掌握的"稳定性"技术。

总体而言，量子计算的未来是乐观的，关于量子计算商业化的一切都才刚刚开始。到目前为止，我们可能只发现了量子计算的冰山一角，无论量子计算的首个实际应用出自哪个科技企业，或者来自试图应用这项技术的银行、制药公司或制造商，这场关于量子计算的竞赛都已经开始。

第 5 章　上帝不会掷骰子

5.1　量子力学的世纪之争

堪称物理学"诸神之战"的第五届索尔维会议，是量子力学理论发展史上极具盛名的一场会议。在这场会议中，当时物理学界的"顶流"们聚集一堂，绝对称得上是物理学"全明星"阵容；也正是这场会议，拉开了爱因斯坦和玻尔关于量子力学巅峰之战的序幕。

实际上，正是因为爱因斯坦和玻尔这两位大师的不断论战，量子力学才在辩论中日趋成熟，补齐了诸多重要的理论。爱因斯坦一直对量子论及玻尔一派的解释持怀疑态度，他提出了一个又一个思想实验，试图证明量子理论及正统诠释的不完备性和荒谬性。直到他们逝世，这场论战仍在物理学界继续进行。

5.1.1　爱因斯坦不相信量子力学

根据量子力学的原理，世界本身就是一场碰运气的游戏。宇宙中所有的物质都是由原子和亚原子组成的，而掌控原子和亚原子的是可能性而非必然性。在本质上，这种理论认为自然是建立在偶然性的基础上的，而这与人的直观感觉相悖。所以这使很多人一时难以接受，其中一位就是爱因斯坦。

爱因斯坦和玻尔都是量子力学的开创者和奠基人，但他们对相关理论的诠释却针锋相对，各执己见。爱因斯坦难以相信现实世界的本质居然是由概率决定的，以至于说出了"上帝不会掷骰子"这句流传广泛的名言；也正是因为爱因斯坦的不相信，拉开了一场关于量子力学的世纪之争。

爱因斯坦强调量子力学不可能有超距作用，意味着他坚持经典理论的"局域性"。爱因斯坦认为：经典物理学有三个基本假设——守恒律、确定性和局域性，局域性应当是经典力学和量子力学所共有的。其中，守恒律指的是一个系统中的某个物理量不随着时间改变的定律，包括能量守恒、动量守恒、角动量守恒等。确定性说的则是从经典物理规律出发能够得到确定的解，如通过牛顿力学可以得到物体在给定时刻的确定位置。

局域性也叫定域性，即认为一个特定物体只能被它周围的力影响。也就是说，两个物体之间的相互作用，必须以波或粒子作为中介才能传播。根据相对论，信息传递速度不能超过光速，所以，在某一点发生的事件不可能立即影响到另一点。因此，爱因斯坦才会在文章中将两个粒子间瞬时的相互作用称为"幽灵般的超距作用"。值得一提的是，量子理论之前的经典物理理论也都是局域性理论。

而玻尔则认为，测量可以改变一切。他认为没有测量或观察粒子之前，粒子的特性都是不确定的，举例来说，双缝干涉实验里的电子，在侦测器精确测出其位置之前，几乎可以出现在概率预测范围内的任何地方，直到你观察到它们的那一刻，也只有在这一刻它所在位置的不确定性才会消失。

根据玻尔的量子力学原理，测量一个粒子时，测量这个行为本身就会迫使粒子放弃它原本可能存在的地方，而选择一个明确的位置，也就是我们发现它的地方，正是测量行为本身迫使粒子做出了这个选择。

玻尔认为，现实世界的本质原本就是模糊、不确定的，然而爱因斯坦却不这么认为，他相信事物的确定性，认为事物并非在测量或观察时才存在，而是一直都存在的。爱因斯坦说："我认为不管我有没有看着月亮，月亮一直都在那里。"因而爱因斯坦确信量子力学理论还不够完整，它缺少描述粒子细节特征的部分。例如，我们没有看到粒子时，粒子所在的位置，不过当时几乎没有物理学家与他的想法相同。尽管爱因斯坦一直在质疑，玻尔还是坚持自己的想法，当爱因斯坦重复那句"上帝不会掷骰子"时，玻尔则回应"别告诉上帝他该怎么做"。

于是，在第五届索尔维会议中，爱因斯坦和玻尔进行了第一回合的较量，爱因斯坦假设了一个思想实验，针对的就是海森堡的"测不准"原理。

根据海森堡的"测不准"原理，动量和位置的信息不能同时得知，知道了其中一个，另一个就一定被改变，这就是量子世界内在的不确定性。基于此，爱因斯坦提出了一个升级版的单缝衍射实验。

单缝衍射实验本身是指缝隙变小之后，位置信息的不确定性会缩小，而动量信息的不确定性就会增加，因此会出现衍射波纹。爱因斯坦升级了此实验，给单缝的遮挡板上增加了一个弹簧，使挡板可以上下垂直运动。那么，当电子通过缝隙时，就会使弹簧受到电子动量的影响发生上下垂直运动，同时电子的位置信息也就可以确定了。根据动量守恒原理，只要再观察弹簧的运动状况就可以反推出电子的动量，这就等于同时知道了电子的位置和动量信息。

面对爱因斯坦的思想实验，玻尔在和众多物理学家讨论后也得出了结论，那就是：既然这个弹簧的敏感度可以达到对一个电子的动量产生反应的程度，那么这个实验器材也都是量子层面的，既然整个实验都在量子世界进行，那么这个弹簧自身的位置信息和动量信息也就是存在不确定性的，所以是无法通过观察弹簧的动量来反推电子的动量的。

可以说，爱因斯坦混淆了量子世界和宏观世界，因为爱因斯坦是以宏观世界的逻辑在做微观实验，既然弹簧也是量子尺度的，那么其自身也是要有不确定性的。到这里，这个实验就被玻尔成功推翻了。于是，1927 年的论战，玻尔更胜一筹，当然，这还只是这场论战的开始。

5.1.2 "光子盒"的挑战

第一回合略输一筹的爱因斯坦当然不甘心止步于此，之后的几年，爱因斯坦冥思苦想，终于在 1930 年的第六届索尔维会议上再次发动了质疑。

1930 年秋，第六届索尔维会议在布鲁塞尔召开。早有准备的爱因斯坦在会上向玻尔提出了他著名的思想实验——"光子盒"。这一次，爱因斯坦攻击的是海森堡"测不准"原理当中的另一对不确定性——时间和质量。根据海森堡"测不准"原理，当缩小时间的不确定性时，质量的不确定性就会增大，因为量子世界基本粒子的能级是可以跃迁的。而根据爱因斯坦的狭义相对论，能量和质量是可以转换的，换句话说，基本粒子的质量总是在变化的。

于是，爱因斯坦假设了一侧有一个小洞的盒子，洞口有一块挡板，里面放了一只能控制挡板开关的机械钟。小盒里装有一定数量的辐射物质。这只钟能在某一时刻将小洞打开，放出一个光子来。这样，光子跑出的时间就可被精确地测量出来。同时，小盒悬挂在弹簧秤上，小盒所减少的质量，即光子的质量便可测得，然后利用质能关系 $E=mc^2$ 可得到能量的损失。这样，时间和能量都同时测准了，由此可以说明"测不准"关系是不成立的，玻尔一派的观点是不对的。

玻尔在听完爱因斯坦的"光子盒"试验后，先是愣了神。第二天，玻尔居然"以其人之道，还治其人之身"，找到了一段精彩的说辞，用爱因斯坦自己的广义相对论，戏剧性地指出了爱因斯坦这一思想实验的缺陷。

玻尔指出：光子跑出后，挂在弹簧秤上的小盒质量变轻即会上移，而根据广义相对论，如果时钟沿重力方向发生位移，它的快慢会发生变化，这样，小盒里机械钟读出的时间就会因为这个光子的跑出而有所改变。换言之，用这种装置，如果要测定光子的能量，就不能精确控制光子逸出的时刻。也就是说，用广义相对论中的红移公式，玻尔反而推出了能量和时间遵循的"测不准"关系。

这下轮到爱因斯坦目瞪口呆了。尽管爱因斯坦仍然没有被说服，但此后，他确实有所退让，承认了玻尔对量子力学的解释不存在逻辑上的缺陷。

5.2　被"纠缠"的爱因斯坦

1935 年，爱因斯坦和玻尔进行了量子理论论战的第三个回合，也让这场论战达到了它的顶峰。而这场论战诞生了一个非常重要的成果，就是量子纠缠。

5.2.1　解释不通，穿越时空

在爱因斯坦和玻尔的争论中，为了证明量子力学的荒谬，爱因斯坦、罗森、波多尔斯基于 1935 年联合发表了论文《物理实在的量子力学描述能否被认为是完备的》，被后人称为"EPR 文章"（EPR 是三人姓氏的首字母）。这篇文章的论证又被称为 EPR 佯谬或爱因斯坦定域实在论。爱因斯坦在论文中，第一次使用了一个"超强武器"，就是后来被薛定谔命名的"量子纠缠"。

爱因斯坦构想了一个思想实验，描述了一个不稳定的大粒子衰变成两个小粒子（A 和 B）的情况：大粒子分裂成两个同样的小粒子；小粒子获得动能后，分别向相反的两个方向飞出去。如果 A 的自旋为上，B 的自旋便一定为下，才能保持总体的自旋守恒，反之亦然。

根据量子力学的说法，测量前两个粒子应该处于叠加态，如"A 上 B 下"和"A 下 B 上"各占一定概率的叠加态（概率各为 50%）。然后，我们对 A 进行测量，A 的状态便在一瞬间坍缩了，如果 A 的状态坍缩为上，因为守恒的缘故，B 的状态就一定为下。

但是，假如 A 和 B 之间已经相隔非常遥远了，如几万光年，按照量子力学的理论，B 的状态也应该是"上""下"各一半的概率，为什么它能够在 A 坍缩为下的那一瞬间，做到总是选择"下"呢？难道 A 和 B 之间有某种方式能及时地"互通消息"？即使假设它们能够互相感知，它们之间传递的信号需要在一瞬间跨越几万光年，这个传递速度已经超过了光速，而这种超距作用又是现有的物理知识不允许的。于是，爱因斯坦认为这就构成了佯谬。

薛定谔读完 EPR 论文之后，用德文写了一封信给爱因斯坦。在这封信里，他最先使用了术语 Verschränkung（纠缠），这是为了形容在 EPR 思想实验里，两个暂时耦合的粒子，不再耦合后彼此仍旧维持的关联。

EPR 佯谬也得到了玻尔的回应。他认为，因为两个粒子形成了一个互相纠缠的整体，用一个波函数来表示，所以，在测量 A 的动量的同时，就已经破坏了 B 的位置信息，当再去测量 B 时，B 的位置信息已经不是测量 A 时的；反过来也一样，只要一碰 B，A 也会跟着有变化，这两个粒子就等于纠缠在一起，所以还是无法同时获得一个粒子的位置和动量的信息。也就是说，既然 A 和 B 是协调相关的一体，它们之间便无须传递什么信息。

当然，爱因斯坦也没有接受玻尔这种古怪的说法，两个人直至离世，他们观点的分歧依然没有一个定论。

5.2.2　贝尔的不等式

爱因斯坦一方坚持认为量子纠缠的随机性是表面现象，背后可能藏有"隐变量"，贝尔本人也支持这个观点。为了证明爱因斯坦的隐变量观点是正确的，贝尔假设了一个实验。

根据出生确定论，光子的偏振方向都是已经确定好了的，对一个光子的测量结果和对另一个光子的测量结果无关。但在量子力学中，对一个光子的测量结果必然影响另一个光子的测量结果。

例如，做 4 次实验，分别把左右两边的偏振片置于（0°，0°）、（30°，0°）、（0°，–30°）、（30°，–30°）的角度。第一种情况，让所有的光子都能通过偏振片。第二、第三种情况，分别旋转每一边的偏振片。第四种情况，把两边的偏振片都旋转。简单来说，如果对一个光子的测量结果和对另一个光子的测量结果无关，那么两边的偏振片都旋转的结果小于等于每一边偏振片分别旋转的结果之和，这就是贝尔不等式。但根据量子力学，对一个光子的测量结果必然影响另一个光子的测量结果。那么，就会出现两边的偏振片都旋转的结果大于每一边偏振片分别旋转的结果之和的情况。

也就是说，如果该不等式成立，爱因斯坦获胜；如果该不等式不成立，则玻尔获胜。因此，贝尔不等式将爱因斯坦等提出的 EPR 佯谬中的思想实验，转化为真实可行的物理实验。尽管贝尔的原意是支持爱因斯坦，找出量子系统中的隐变量，但他的不等式得出的实验结果却未能支持爱因斯坦的理论。

终于，1946 年，物理学家约翰·惠勒成了提出用光子实现纠缠态实验的第一人。具体来说，光是一种波动，并且有其振动方向，就像平常见到的水波在往前传播的时候，水面的每个特定位置也在上下振动一样，上下就是水波的振动方向。一般来讲，自然光由多种振动方向的光线随机混合在一起，但让自然光通过一片特定方向的偏振片之后，光的振动方向便被限制，成为只沿某一方向振动的"偏振光"。例如，偏振式太阳眼镜的镜片就是一个偏振片。偏振片可以被想象成在一定方向上的"偏振狭缝"，只能允许在这个方向振动的光线通过，其余方向的光线大多数被吸收了。

实验室中，科学家可以使用偏振片来测定和转换光的偏振方向。光线可以取不同的线性偏振方向，相互垂直的偏振方向可类比于电子自旋的上下，因此，对用自旋描述的纠缠态稍作修正，便对光子同样适用。

也就是说，如果偏振光的振动方向与偏振片的透光轴方向一致，光线就可以通过；如果振动方向与透光轴方向垂直，光线就不能通过；如果两者呈 45°角，就会有一半的光通过，另一半不能通过。在量子理论中，光具有波粒二象性，并且，在实验室中完全可以使用降低光的强度的方法，让光源发出一个个分离的光子。

要知道，单个光子也具有偏振信息。对于单个光子来说，进入检偏器后只有"通过"和"不通过"两种结果，因此，在入射光子偏振方向与检偏方向呈 45°角时，每个光子有 50%的概率通过、50%的概率不通过。如果这个角度不是 45°，而是其他角度，每个光子通过的概率也将是另外一个角度相关的数。

这意味着，光子既可以实现纠缠，又具备偏振这样易于测量的性质。因此，科学家完全可以用它们来设计实验，检验爱因斯坦等提出的 EPR 佯谬。

正是利用光子的这种特性，约翰·惠勒指出：正负电子对湮灭后生成的一对光子应该具有两个不同的偏振方向。1950 年，吴健雄和沙科诺夫发表论文宣布成功地实现了这个实验，证实了惠勒的思想，生成了历史上第一对偏振方向相反的纠缠光子。

5.2.3　为量子纠缠正名

两个相距遥远的陌生人不约而同地想做同一件事，好像有一根无形的线牵着他们，这种神奇现象就是所谓的"心灵感应"。而"量子纠缠"也与此类似，量子纠缠是指在微观世界里，有共同来源的两个微观粒子之间存在纠缠关系，这两个纠缠在一起的粒子就好比一对有心灵感应的双胞胎，无论两人相距多远，如千米量级或者更远，只要其中一个人的状态发生变化，另一个人的状态也会跟着发生一样的变化。也就是说，无论这两个粒子相距多远，只要一个粒子的状态发生变化，就能立即使另一个粒子的状态发生相应变化。

北京时间 2022 年 10 月 4 日 17 时 45 分，2022 年诺贝尔物理学奖授予了法国学者阿兰·阿斯佩（Alain Aspect）、美国学者约翰·克劳瑟（John Clauser）和奥地利学者安东·塞林格（Anton Zeilinger），以表彰他们"用纠缠光子进行实验，证伪贝尔不等式，开创量子信息科学"。他们的先驱研究为量子信息学奠定了基础，也是对量子力学和量子纠缠理论的承认。

克劳瑟教授发展了约翰·贝尔的想法，并进行了一个实际的量子纠缠实验：建造一个装置，一次发射两个纠缠光子，每个都打向检测偏振的滤光片。1972 年，他与博士生斯图尔特·弗里德曼一起，展示了一个明显违反贝尔不等式的结果，并与量子力学的预测一致。用实验检验贝尔不等式，根本目的在于验证量子系统中是否存在隐变量，即检验量子力学到底是定域的，还是非定域的。

但克劳瑟的实验仍然存在一些漏洞，其局限之一是，该实验在制备和捕获粒子方面效率低下。而且由于测量是预先设置好的，滤光片的角度是固定的，因此实验结果具有局限性。随后，阿斯佩教授进一步完善了这一实验，他在纠缠粒子离开发射源后切换了测量设置，因此粒子发射时存在的设置不会影响到实验结果。

此外，通过精密的工具和一系列实验，塞林格教授开始使用纠缠态量子。他的研究团队还展示了一种被称为"量子隐形传态"的现象，这使得量子在一定距离内从一个粒子移动到另一个粒子成为可能。

从贝尔不等式的提出，到克劳瑟等人的第一次实验，再到后来对于漏洞的补充和验证，至今已经过去了 50 多年。所有的这些测试实验都支持量子力学理论，判定定域实在论是失败的。三位物理学家长期对于量子力学的研究工作，最终为量子纠缠正了名，这对现代科技的意义不容小觑。至此，爱因斯坦和玻尔的世纪之争也有了结果。

5.3　量子纠缠成为强大工具

量子纠缠是指两个粒子无论距离多远，只要一个粒子的状态发生变化，就能瞬间使另一个粒子的状态发生相应变化。一个粒子受另一个粒子的变化而变化所需要的时间则是超光速的，这有点类似于科幻世界里的"瞬间移动"，只不过瞬间移动的不是物体，而仅仅是状态，并且是微观粒子的某些特殊状态。

量子纠缠如此神奇，让它成了许多科学狂想的理论基础，其中比较典型的就是量子通信。

5.3.1　从量子纠缠到量子通信

量子有许多经典物理所没有的奇妙特性，量子纠缠正是其中突出的特性之一。根据量子纠缠原理，宇宙中任何一个粒子都有"双胞胎"，二者即使隔开整个宇宙的距离，也仍然一直保持同步同样的变化。一对粒子同步同样变化的状态，就是量子纠缠态。

处于量子纠缠中的两个粒子，无论分离多远，它们之间都存在一种神秘的关联，只要一个粒子的状态发生变化，就能立即使另一个粒子的状态发生相应变化。也就是说，我们可以通过测量其中一个粒子的状态来得知另一个粒子的信息。

量子的另一个奇妙特性是量子具有测量的随机性和不可克隆的属性——任何测量都会破坏量子的本来状态。从测量的随机性来看，在量子力学里，光子可以朝着某个方向进行振动，这被称为偏振。因为量子叠加，一个光子可以同时处在水平偏振和垂直偏振两个量子状态的叠加态。这时，如果我们拿一个仪器在这两个方向上进行测量，就会发现每次测量都只会得到其中一个结果：要么是水平的，要么是垂直的，测量的结果完全随机。

在日常的宏观世界里，一个物体的速度和位置，一般是可以同时准确测定的。例如，我们要测量一架飞机，雷达就可以把飞机的速度、位置都准确测定。然而，在量子世界里，测量却会破坏或改变量子的状态。如果我们把一个量子的位置测准了，它的速度就无法再被测准。既然测量量子的状态会出现随机的结果，那么人们自然也无法对一个不知道其状态的量子进行复制。

在量子测量的随机性和不可复制的特性下，基于量子特性的通信几乎不可能被破译。传统通信的密钥都是基于非常复杂的数学算法，只要是以算法加密的，人们就可以通过计算进行破解。而量子通信则可以做到很安全，不被破译和窃听，这在数学上已经获得了严格的证明。

由于量子纠缠的特性及量子测量的随机性和不可复制的特性，量子通信也就保证了安全。在量子密码共享或量子态传递过程中，如果有人窃听，量子的状态就会因窃听（测量）发生改变，密码接收的误码率会明显增加，从而引起发送者和接收者的警觉，而停止该信道的使用。

5.3.2　让通信绝对安全

作为新一代通信技术，量子通信能为信息提供无法被窃听、无法被计算破解的绝对安全保障，而这正是传统通信所缺乏的。

保密和窃密的举动自古有之，"道高一尺，魔高一丈"，两者间永远进行着不停升级的智力战争。人们不断研发现代保密通信技术，不仅是为了保护个人隐私，也是为了商业、政治的信息保密。

然而，密码总是存在被破译的可能，尤其是在量子计算出现以后，采用并行运算，对当前的许多密码进行破译几乎易如反掌。

具体来说，在密码学中，需要秘密传递的文字被称为明文，将明文用某种方法改造后的文字称为密文。将明文变成密文的过程称为加密，与之相反的过程则称为解密。加密和解密时使用的规则称为密钥。现代通信中，密钥一般是某种计算机算法。

在对称加密技术中，信息的发出方和接收方共享同样的密钥，解密算法是加密算法的逆算法。这种方法简单、技术成熟，但由于需要通过另一条信道传递密钥，所以难以保证信息的安全传递，一旦密钥被拦截，信息内容就暴露了。由此才发展出了非对称加密技术。

在非对称加密技术中，每个人在接收信息之前，都会产生自己的一对密钥，包含一个公钥和一个私钥。公钥用于加密，私钥用于解密。加密算法是公开的，解密算法是保密的。加密解密不对称，发送方与接收方也不对称，因此被称为非对称加密技术。用私钥的算法可以轻松地得到公钥，而有了公钥却极难得到私钥。也就是说，这是一种正向操作容易、逆向操作非常困难的算法。目前常用的 RSA 密码系统的作用即在于此。

RSA 算法是罗恩·里韦斯特（Ron Rivest）、阿迪·沙米尔（Adi Shamir）和伦纳德·阿德尔曼（Leonard Adleman）三人发明的，以他们姓氏中的第一个字母命名。该算法基于一个简单的数论事实：将两个质数相乘较为容易，反过来，将其乘积进行因式分解从而找到构成它的质数却非常困难。

例如，计算 17×37=629 是很容易的，但如果反过来，给出 629，要找出其因子就困难一些了。并且，正向计算与逆向计算的难度差异随着数值的增大而急剧增大。对经典计算机而言，破解高位数的 RSA 密码基本不可能。一个每秒能做 1 012 次运算的机器，破解一个 300 位的 RSA 密码需要 15 万年。但这对于量子计算机是非常容易的事情，使用肖尔算法的量子计算机，只需 1 秒便能破解一个 300 位的密码。

显然，未来传统加密算法将随着量子计算机的出现而变得脆弱。尽管目前最先进的量子计算机只有 70 位，但在可以预见的将来，量子计算的飞速发展会促使开发出更先进的加密算法或是使用"严格安全"的量子通信。

量子通信还有一个好处，就是无法被窃听。"棱镜门事件"令全球通信基础设施的安全性备受考验。除了强大的加密算法，如何防止信息被窃听也是信息安全的重要因素。对于无线通信，无线电频谱是共享的，加密算法极其重要，但密钥容易被窃取且难以做到一文一密；对于光纤通信，使用探针技术可轻易获取光信号而不被通信双方发现；对于量子通信，单个光子不可分割，窃听者无法获取完整的密钥，并且由于量子"测不准"原理，一旦窃听者对光信号实施测量就会改变光子的量子态，从而令通信双方的密钥比对不一致，窃听就会被发现。

可以说，在这个数据安全越发重要的今天，量子通信的发展正在成为一种必然——量子通信的魅力就在于其可以突破现有的经典信息系统的极限。

5.3.3　量子通信会代替经典通信吗

目前，随着量子通信的发展与进步，保密措施变得越来越复杂、越来越可靠。人类也在致力于将量子保密通信向更远距离和更大规模的广域网络发展。

例如，量子通信对军事、国防、金融等领域的信息安全有着重大的潜在应用价值和发展前景。在国防和军事领域，量子通信能够应用于通信密钥生成与分发系统，向未来战场覆盖区域内任意两个用户分发量子密钥，构成作战区域内机动的安全军事通信网络。量子通信不仅可用于军事、国防等领域的国家级保密通信，还可用于涉及秘密数据、票据的政府、电信、证券、保险、银行、工商、地税、财政等领域和部门。

此外，量子通信还能够应用于信息对抗，提升军用光网信息传输保密性，提高信息保护和信息对抗能力。并能够应用于深海安全通信，为远洋深海安全通信开辟崭新途径。利用量子隐形传态，以及量子通信绝对安全性、超大信道容量、超高通信速率、远距离传输和信息高效率等特点，将建立满足军事特殊需求的军事信息网络，为国防和军事赢得先机。

在国民经济领域，量子通信则可用于金融机构的隐匿通信等工程，以及对电网、煤气管网和自来水管网等重要基础设施的监视和通信保障。

值得一提的是，量子通信虽然具有革命性的力量，但并不是为了取代传统通信而生的。量子通信和传统通信是两种不同的通信形式，量子通信是为了让传统的数字通信变得更安全。

实际上，无论是量子密钥分发，还是量子隐形传态，都离不开经典通信的"经典信道"。对于量子密钥分发来说，收发双方需要通过经典信道比对测量的方式，从随机的测量方式中挑选出相同的部分，只有这部分的量子测量出的结果才能作为无条件安全的量子密钥使用。

对于量子隐形传态来说，收发双方同样需要通过经典信道比对测量方式，这样接收方才能做出正确的操作，正确还原出传输的量子比特。量子隐形传态利用的是量子纠缠，这个经典信道的存在使得单纯靠量子纠缠无法传送量子比特，因此超过光速的量子纠缠无法超光速传递信息，这样就不会违反相对论。

可以说，量子通信其实是经典通信之外的一个"新战场"和一个新的发展机遇。对于通信产业来说，经典通信就好比煤炭燃烧的化学能，量子通信就好比电能。大部分电能离不开化学能，而量子通信也离不开经典通信。

电能还将对化学能有所继承和发展，使得电能可以应用在更多的地方，更好地控制机器，并且能够处理和传输信息。量子通信对经典通信的继承和发展：一方面，量子通信让经典通信变得更安全，信息不会被半路截获；另一方面，量子比特还可以突破经典数字通信的限制，让信息传输变得更高效。

量子通信从理论走向现实应用，信息时代正在升级，未来将引发一场关于通信的技术变革。

5.4 量子通信，决胜未来

量子通信作为量子信息科学的重要分支，是利用量子态作为信息载体来进行信息交互的通信技术。现阶段，量子通信的典型应用形式包括量子密钥分发（Quantum Key Distribution，QKD）和量子隐形传态（Quantum Teleportation，QT）。量子密钥分发可用来实现经典信息的安全传输；而量子隐形传态是传递量子信息的有效手段，有望成为分布式量子计算网络等应用中的主要信息交互方式。

5.4.1 量子密钥分发：让信息不再被窃听

简单来说，QKD 就是在信息收发双方进行安全的密钥共享，借助"一次一密"的加密方式实现双方的安全通信。利用量子的不可测性和不可复制性，实现信息不被窃听。这需要先在收发双方间实现无法被窃听的安全密钥共享，之后再与传统保密通信技术相结合完成经典信息的加解密和安全传输。

从 1984 年，第一个 QKD 协议——BB84 协议被提出时起，量子密钥分发就走上了快车道。无论是对其安全性的研究完善，还是相关技术的应用落地，均证明了量子密钥分发在抵抗量子计算攻击、构建量子通信网中的重要性。

量子密钥分发的第一个协议——BB84 协议是美国物理学家查尔斯·本内特（Charles H.Bennett）和加拿大密码学家吉尔斯·布拉萨德（Gilles Brassard）在 1984 年提出的，BB84 正是得名于两人姓氏的首字母和提出年份。

BB84 协议属于两点式通信架构，即有一个发送端（Alice）和一个测量端（Bob）。Alice 在单光子的偏振维度上，选用两组非正交基矢，每组基矢下两个正交偏振态（直角基矢下的 H 偏振、V 偏振，以及斜角基矢下的 +45°偏振，−45°偏振）。根据"0"和"1"经典二进制比特信息随机数，Alice 将光源编码成相应偏振的单光子量子态——H 偏振态及-45°偏振态代表经典比特信息 "0"，V 偏振态及+45°偏振态代表经典比特信息 "1"，进行传输，同时 Bob 也随机地选用直角基矢及斜角基矢之一进行测量并记录结果。

当实验进行一段时间后，Alice 和 Bob 在一个认证的公共信道上公布所用的基矢信息，然后各自保留所选的相同基矢下的信息即可获得筛后密钥，再各自从筛后密钥中抽一段信息，进行一致性比对，当错误率超过一定界限即认为此次通信不安全，会放弃该次通信产生的密钥，然后进行下一次通信，直至筛后密钥比对的结果满足错误率要求，最后进行数据后处理（纠错和隐私放大等），使 Alice 和 Bob 共享一段相同的安全密钥。

由于在密钥分发过程中，Alice 和 Bob 所选用的基矢是随机的，且两组基矢是非正交的，入侵者若要窃听，就需要对这些未知的单量子态进行测量，因为 "测不准" 原理，被测量的量子态必然会产生随机的测量结果，最终导致 Alice 和 Bob 筛后密钥比对的结果错误率提高，从而使入侵者被发现。量子密钥分配方法除 BB84 协议外还有 E91 协议。

在量子密钥分配技术中，密钥的每一位字符都是依靠单个光子传送的，单个光子的量子行为杜绝了窃密者企图截获并复制光子的状态而不被察觉的情况。而普通光通信中每个脉冲包含千千万万个光子，其中单个光子的量子行为被群体的统计行为所湮没，窃密者在海量光子流中截取一小部分光子根本无法被通信两端用户所察觉，因而传送的密钥是不安全的，用不安全密钥加密后的数据资料一定也是不安全的。量子密钥分配技术的关键就是产生、传送和检测具有多种偏振态的单个光子流，特种的偏振滤色片、单光子感应器和超低温环境使得这种技术成为可能。

不过，量子密钥在分配光纤网络上传送的是单个光子序列，因此，数据传输速度远远低于普通光纤通信网络，它不能用来传送大量的数据文件和图片，而是专门用来传送对称密码体制中的密钥，当通信双方交换并确认共享了绝对安全的密钥后，用此密钥对大量数据加密，再在不安全的高速网络上传送。

尽管量子密钥分发已取得众多重要研究成果，但仍然面临诸多难题。

量子密钥分发的理想情况是，利用贝尔不等式的统计特性，只需通过实验检验这些非经典关联，就能验证生成密钥的安全性，而不要求双方使用的器件可信。但在实际情况中，要达到这种级别的安全性，对实验器件有着严苛的要求，由于现实中实验器件的不完美性，使得真实系统的量子密钥分发可能会存在一些安全隐患。幸运的是，在全球学术界 30 余年的共同努力下，结合"测量器件无关量子密钥分发"协议和经过精确标定、自主可控光源的量子通信系统已经可以提供现实条件下的安全性。

如何获得更高的成码率（密钥生成速率），以及更远的密钥传输距离，依然是当前量子密钥分发需要面对的问题。在成码率方面，东芝欧研所 A. J. Shields 团队于 2014 年在 50km 光纤距离下获得 1.2 Mbps 的成码率。在传输距离方面，中国科学技术大学潘建伟团队于 2017 年基于"墨子号"量子科学实验卫星实现了 1 200km 自由空间的量子密钥分发；日内瓦大学 Hugo Zbinden 团队于 2018 年实现了 421km 光纤的量子密钥分发。

即便如此，这些量子密钥分发的理论和实验工作依然没有突破无中继情形下量子密钥分发成码率–距离的极限——接收设备不产生任何探测噪声时，该距离下的成码率。而且，上述实际量子密钥分发系统还会进一步将其限制在成码率–距离的极限之内，因为测量设备会存在一定噪声，噪声会降低传输的成码率。随着传输距离越来越长，信道衰减越来越大，测量设备所能测量到的信号计数也越来越少，而测量设备产生的噪声在信号中占比也越来越大，当噪声占比超过一定界限，传输过程便不能生成密钥。

5.4.2　应用场景正在展开

1. 数据中心备份及业务连续性场景

在不同的数据中心之间进行数据备份及业务连续性等业务时，量子保密通信可以用于保障数据中心之间数据传输的安全性。数据中心间的链路加密机可通过 QKD 按需更换密钥，满足企业、用户的高安全数据传输需求。

2. 政企专网保护场景

量子保密通信可用于保护政企专网基础设施及其服务的安全性。企业或政府机构通常要求通信服务提供高度的机密性、完整性和真实性，需要强制性地采用专用的安全系统。当前通常采用基于 IPSec（互联网安全协议）或 TLS（安全传输层协议）的安全虚拟专用网络技术来对数据中心与分支机构之间的流量进行鉴权和加密，而 QKD（量子密钥分发）链路加密机可以与这些技术结合来满足企业网各站点之间信息加密的需求。

3. 关键基础设施控制和数据采集场景

量子保密通信可用于保护关键基础设施中的数据采集与监控系统（Supervisory Control and Data Acquisition，SCADA）的数据通信安全性。关键基础设施对于社会经济的正常运行发挥着重要作用，其安全性和可靠性通常依赖于通信基础设施子系统。这些通信子系统中信息的机密性、真实性和完整性均十分重要，如铁路的信令控制系统、供水控制系统等，均可通过 QKD 分发的密钥对关键信息进行保护。

4. 电信骨干网保护场景

QKD 可用于为电信网络的骨干网节点之间的通信提供安全服

务。目前，电信骨干网多采用波分复用技术建设，光纤中波道数较多。除已经使用的业务波道及预留的保护波道和备用波道外，一般还有多余的波道可以使用。可以利用这些多余的波长来搭建 QKD 链路，通过 QKD 链路产生的量子密钥对波分复用业务通道进行高安全等级的加密。例如，将 QKD 生成的量子密钥应用于光传送网设备间业务数据的加密，而 QKD 系统所需的量子信道、协商信道，以及承载光传送网业务的经典数据信道，可通过波分复用的方式实现光纤传输，该技术目前已通过现网试验验证可行。

5. 电信接入网保护场景

QKD 可用于电信接入网的无源光网络中，保证无源光网络的通信安全。通过 QKD 系统，可在无源光网络中的光线路终端（Optical Line Terminal，OLT）和光网络单元（Optical Network Unit，ONU）终端用户之间进行安全的密钥分发，以实现 ONU 用户数据的加密传输，为电信接入网提供新的密钥分发解决方案。例如，QKD 系统由不对称的树状网络结构组成，由于目前量子探测器比量子光源成本高，可在每个 ONU 处部署低成本的 QKD 发射机，在 OLT 处部署一套 QKD 接收机。

6. 远距离无线通信保护场景

QKD 与基于卫星、飞机等飞行器的无线通信系统相结合是一种有潜力的应用场景。它可实现远距离站点之间高度安全的密钥分发，无须部署大量地面光纤和可信中继站点。QKD 通过卫星交换密钥的用例还可扩展到多颗卫星的场景，它们之间通过自由空间链路相互连接，可构成覆盖全球的卫星 QKD 网络。与地面大气相比，空间的信道衰减显著降低，卫星之间可以通过非常高的密钥分发速率进行长距离的密钥交换。

7. 移动终端量子安全服务场景

各类移动终端用户的网络安全防护已成为当前关注的热点问题之一。利用 QKD 自身的独特优势，结合密钥分发中心（Key Distribution Center，KDC），可以将 QKD 生成的量子密钥应用于移动终端侧，保护"端到端"及"端到服务器"的通信安全性，可在移动办公、移动作业、移动支付、物联网等多种场景进行应用。

例如，QKD 网络结合用于管理 QKD 网络产生的量子密钥的量子安全服务密钥分发中心，以及靠近用户的量子密钥更新终端设备，可将 QKD 网络产生的对称量子密钥充注到终端的安全存储介质（如 SD 卡、SIM 卡、U 盾、安全芯片等）中，用于其通信过程中的鉴权和会话加密。该方案相比传统的 KDC 方案，可保证会话密钥的前向安全性；相比传统的公钥基础设施方案，则可保证身份认证和会话密钥协商过程能够抵抗量子计算攻击。

5.4.3 量子隐形传态：瞬间移动的秘密法宝

所谓的"量子隐形传态"（Quantum Teleportation，QT），也被称

为量子远距离传输或量子隐形传输。这是一种全新的信息传递方式，它是在量子纠缠效应的帮助下，传递量子态所携带的量子信息。所谓隐形传输指的是脱离实物的一种"完全"的信息传送。

这有点像科幻电影里的瞬间移动物体，只不过，量子隐形传态瞬间移动的是信息，而非物体——量子隐形传态无法将任何实物做瞬间转移，只能"转移"量子态的信息。由于应用了量子纠缠效应，它有可能让一个量子态在一个地方神秘地消失，而又瞬间在另一个地方出现。这里的"瞬间"指的就是真正意义上的物理上的"瞬间"，它无须耗费时间。

从量子隐形传态的基本原理来看，我们假设信息的传递方和接收方分别称为 Alice 和 Bob，Eve 是可能的窃听者。

现在，Alice 的手上有一个连她自己都不了解其量子态的微观粒子 A，她的目的是要将这个未知的量子态传递给远方的 Bob，但是 A 本身并不需要被传递出去。做到了这一点，就是进行了所谓的量子隐形传态。

那么，要达到这个目的，Alice 和 Bob 就必须拥有一对具备量子纠缠的 EPR 粒子对，可以假设这一对纠缠粒子分别为 E1 和 E2。根据量子力学原理，无论是对 E1 和 E2 中的哪一个粒子进行测量，另一个相关联的粒子一定会立即做出相应的变化，无论它们相隔多远。这样，E1 和 E2 就在 Alice 和 Bob 之间搭建了一条量子通道。

当 Alice 将 E1 和她手里原有的 A 进行某种特定的随机测量之后（测量，即意味着某种相互作用），E1 的状态将会发生变化。同时，Bob 掌握的对应的 E2 就会瞬间坍缩到相应的量子态上。

根据纠缠的意义，E2 坍缩到何种状态完全取决于 E1，即取决于上述 Alice 的随机测量行为。此后，还要通过经典的信息传递通道，将 Alice 所做测量的相关信息传递给 Bob。Bob 获得这些信息之后，就可以对手里的 E2（状态已经改变）做一种相应的特殊变换，便可以使 E2 处在与 A 原先的量子态完全相同的态上（尽管这个量子态仍是未知的）。这个传输过程完成之后，A 坍缩隐形了，A 所有的信息都传输到了 E2 上，因而称为"隐形传输"。所以，整个过程被称为"量子隐形传态"。在这整个过程中，Alice 和 Bob 都不知道他们所传递的量子信息到底是什么。

可以看到，在量子隐形传态中涉及经典的信息传输方式，但这并不会对整个信息传递系统造成安全性问题。由于经典的通道只是要告诉接收方传递方已经进行了怎样的特定变换，除此之外，并不包含有关 A 量子态的任何信息。所以，即便有人截获了经典通道的信息，也是没有任何用处的。

这也意味着，量子隐形传态并不能完全脱离经典的行为，它还需要借助经典的信息传递通道再结合 EPR 量子通道来传递量子信息。但无论如何，这已经是一种比以往的纯经典信息传递方法更加先进的信息传递方式了。

5.4.4　通往量子信息网络

在 QKD 和 QT 技术的支持下，构建量子信息网络已经成了通信发展的远期目标。

量子信息网络将基于 QT 实现未知量子态信息的传输和组网。收发双方首先通过纠缠光子对 A、B 的制备与分发，即量子纠缠分发，构建量子通信信道。之后发送方将包含未知量子态信息的光子 X 与纠缠光子 A 进行贝尔态联合测量，并通过经典通信信道告知接收方测量结果。最后接收方据此对纠缠光子 B 进行相应的酉变换操作，得到发送方光子 X 的量子态信息，完成量子通信过程。

其中，量子态信息的物理载体是单光子或光子纠缠对，也称"飞行量子比特"。传输介质可采用光纤或自由空间信道，为克服环境噪声、传输退相干和信道损耗等影响，需要进行量子态信息存储，以及基于量子纠错、纠缠纯化和纠缠交换实现的量子中继；各种量子态信息处理器节点，如量子计算机和量子传感器等，其中的物质量子比特，如电子自旋和冷原子等，也需要与光子进行量子态的转换以实现传输。

量子信息网络通过量子隐形传态，实现量子态信息在处理系统和节点之间的传输，可以形成多个量子信息处理模块的互联互通。对于量子计算模块而言，由于量子态的叠加特性，实现 n 位量子态信息的互联，将可以使其表征的状态空间，以及相应的状态演化处理能力得到 2^n 倍指数量级提升，扩展量子计算处理能力。

对于量子测量模块而言，在多参数的全局变量测量条件下，基于纠缠互联形成量子传感器网络，将可以通过提升测量精度，突破标准量子极限，在量子时钟同步网络和精密成像设备组网等方面获得应用。

此外，实现广域端到端量子态确定性传输，也将为提升安全通信能力、发掘新型复杂网络组网协议方案等方面提供目前无法企及的解决方案。在量子信息网络的潜在应用探索方面，国内外相关的研究和实验已经取得一些初步进展，但多为原理性探索和概念性实验验证，距离实用化仍有较大差距。

2012 年，奥地利维也纳大学报道：首个基于测量的盲量子计算实验，通过远端量子计算处理器将量子位置于纠缠态，由计算用户发送未知量子态控制运算演化，并获取计算结果，从而实现远程量子计算任务的安全加密委托。

2014 年，英国帝国理工学院报道：采用基于噪声阈值 13.3%表面编码纠错算法和纠缠纯化技术建立量子计算单元之间的互联信道，实现 2MHz 频率的计算处理互联，但存在 98%的光子纠缠损失，仅可达到 kHz 量级的 qubit 交互速率。

2017 年，以色列希伯来大学报道：基于多维纠缠簇态的多方领导者选举量子纠缠协议算法，基于预先共享多维纠缠簇态实现无须多方协商的云计算网络领导者选举，通过对各方共享量子纠缠态进行异步测量，以测量结果标注领导者，可以保证选举过程的随机性和公平性。

2020 年，中国科学技术大学报道：基于"墨子号"卫星和双向自由空间量子密钥分发技术的量子安全时间同步实验，使卫星和地面站实现单光子级时间同步信号传输，时间脉冲频率为 9kHz，量子信道误码率为 1%，时间传递精度达到 30ps，推动了基于卫星实现量子时间同步组网的实验探索。

量子信息网络作为集量子态信息传输、转换、中继和处理等功能于一体的综合形态，也是量子通信技术发展的远期目标。根据关键使能技术需求和预期应用场景，量子信息网络技术发展和组网应用大致可分为量子加密网络、量子存储网络和量子计算网络三个阶段。

其中，量子加密网络可被认为是量子信息网络的初级阶段，基于量子叠加态或纠缠态的概率性制备与测量，可以实现密钥分发、安全识别和位置验证等加密功能，典型应用是已进入实用化的 QKD 网络。我国量子通信领域研究和应用探索侧重于量子加密网络层面。目前，由于量子存储中继技术无法实用，QKD 远距离传输和组网依靠密钥落地逐段中继的"可信中继"方案。

量子存储网络是量子信息网络下一阶段研究和应用探索关注的重点，将具备确定性纠缠分发、量子态存储和纠缠中继等功能，可支持盲量子计算、量子时频同步组网和量子计量基线扩展等新型应用。国外已经开始在基础组件、系统集成、组网实验和协议开发等方面进行布局研讨与推动，发展趋势应引起我国的关注和重视。

量子计算网络是量子信息网络各项关键技术成熟融合之后的高级阶段，包含可容错和纠错的通用量子计算处理和大规模量子纠缠组网等功能，可用于分布式量子计算提升量子态信息处理能力，以及实现量子纠缠协议组网等应用场景。需要说明的是，对于量子计算网络终极形态中可能诞生的潜在应用和引发的技术变革，当前阶段仅为管中窥豹，无法全面预测分析，但其中所蕴含的可能性和想象空间，不亚于当今的互联网。

5.5 量子通信，在挑战中前行

作为应对密码破译挑战的一种有力手段，量子通信的理论有效性和实践可行性都得到了广泛验证。基于物理原理的量子通信方案与基于计算复杂性的密码方案各有擅长、相互补充，能够有效构筑信息安全纵深防御手段，增强未来网络空间安全防御能力。不过，在实现强网络空间安全防御能力前，量子通信仍然面临着诸多挑战。

5.5.1 量子通信仍处于发展初期

当前，量子保密通信技术尚处于发展初期，距离大规模产业化仍需技术、协议、应用各方面的进一步协同发展。

首先，在底层技术方面，量子保密通信的核心——量子密钥分发技术操控处理的是单量子级别的微观物理对象。高量子效率的单光子探测，高精度的物理信号处理，高信噪比的信息调制、保持和提取等技术，都是量子密钥分发能力进一步突破的障碍；光学/光电集成、深度制冷集成、高速高精度专用集成电路等技术，是量子保密通信设备小型化、高可靠、低成本发展方向上必须迈过的"门槛"。

这些底层技术的突破在较大程度上依赖于新材料、新工艺、新方法的研究和微纳加工集成领域的支撑，有较高的技术难度和不确定性，还面临着高投入、高风险、国际技术竞争和技术限禁等不利局面。

其次，在产业链建设方面，量子保密通信作为新兴尖端技术，其形成产业、发展壮大所需的产学研支撑还不够均衡，力量仍不够饱满，工业界参与量子保密通信底层核心技术研究的力量不足；掌握产品研发核心技术的企业数量较少，供应能力有限；产品和应用缺少全面、体系化的解决方案，应用领域的联合研究和基础设施的建设刚刚起步，产业链存在明显的薄弱环节。这些产业链环节的建设和培育需要多个方面的协同和积淀，包括量子保密通信行业上下游队伍的壮大、与现有电信网络的融合、产品体系的丰富等。

并且，量子保密通信应用场景较为有限，产业发展对于国家政策扶持依赖性较强，后续商业化应用模式和市场化推广运营有待进一步探索。传统通信和信息安全行业对于量子保密通信产业的参与度较低，产业链的建立和培育较为困难；以需求为导向的发展动力不足，导致后续工程建设乏力。

最后，在市场生态培育方面，一方面，从用户层面来说，目前量子保密通信技术仍然具有一定的"神秘感"，有安全需求的行业用户对于应用量子保密通信的方法和保障程度缺少认知；另一方面，行业标准、资质、测评、认证等体系基本处于空白状态，亟待建设。

当前，量子保密通信的市场生态还处于比较脆弱的初级阶段。类似于计算机、互联网等行业的发展初期，量子保密通信需要时间通过应用、推广、认证、监管来形成市场互动，推动产业不断升级。

5.5.2 量子通信的标准化之路

量子保密通信从实用化走向产业化规模应用之路仍然面临不少挑战。标准化是其中十分重要的一环，对于未来产业健康发展具有奠基石的意义和作用。目前，已有不少国内外标准化组织开展 QKD 相关标准工作，包括国内的中国通信标准化协会、中国密码行业标准化技术委员会、中国信息安全标准化技术委员会；国际上有国际标准化组织、国际电信联盟、欧洲电信标准化协会、电气电子工程师学会、云安全联盟等。

量子保密通信作为跨学科、跨领域的系统工程，标准化工作仍处于发展初期，需要多领域、不同标准组织之间合作推进，以尽快形成支撑大规模 QKD 组网、运营、应用、认证的完整标准体系。

国际标准组织积极开展量子保密通信标准化工作，量子通信的国际标准正在形成，相关标准组织正在加速开展相关标准化工作。

2017 年 11 月，在德国柏林召开的 ISO/IECJTC1SC27WG3 第 55 次会议上，中国信息安全测评中心联合科大国盾量子技术股份有限公司（以下简称国盾量子）提出《量子密钥分发的安全要求、测试和评估方法》标准研究项目的建议，经过多轮讨论，获得卢森堡、俄罗斯等国家的支持，最终成功立项。这是 QKD 领域的首个正式的国际标准项目。

在 2018 年 7 月的 ITU-TSG13（未来网络组）会议上，韩国提出
"支持量子密钥分发的网络框架"标准立项通过；同年 9 月的
ITU-TSG17（安全组）会议上，韩国进一步提出"QKD 网络的安全
性框架"研究和"量子随机数发生器的安全框架"标准立项成功。

欧洲电信标准化协会是全球电信领域极具影响力的区域性标准化
组织。2008 年，欧洲电信标准化协会发起 QKD 行业规范组
（ISG-QKD），到 2018 年的 10 年间，共发布 QKD 用例、应用接口、
收发机特性等 6 项规范；2019 年，ETSI 加速标准化工作，于年初发
布了 QKD 术语、部署参数、密钥传递接口三项规范，同时立项
QKD 网络架构和 QKD 安全评测两项新标准，共计开展 14 项标准
项目。

2014 年，云安全联盟成立 QSS-WG（量子安全工作组），我国的
国盾量子是其发起成员之一。该工作组已发布量子安全性定义、量
子密钥分发定义、量子安全术语等多项研究报告。

电气电子工程师学会是电子电气工程领域的国际专业标准化组
织。2016 年，由通用电子（GE）公司在电气电子工程师学会发起成立
P1913 软件定义量子通信（Software-defined Quantum Communication，
SDQC）项目组，其主要目标是定义面向量子通信设备的可编程网络
接口协议，使得量子通信设备可以实现灵活的重配置，以支持各种类
型的通信协议及测量手段。该标准针对基于软件定义网络的 QKD 网
络，设计协议明确量子设备的调用、配置接口协议，通过该接口协
议，可以动态地创建、修改或删除量子协议或应用。

在这样的背景下，为推动量子通信关键技术研发、应用推广和产

业化进程，我国也在加速量子保密通信标准体系建设。中国通信标准化协会于 2017 年 6 月成立了量子通信与信息技术特设任务组（The 7th Special Task Group，ST7），目标是建立我国自主知识产权的量子保密通信标准体系，支撑量子保密通信网络的建设及应用，推动 QKD 相关国际标准化进展。

ST7 下设量子通信工作组（WG1）和量子信息处理工作组（WG2）两个子工作组，该组织已汇聚国内量子通信产业链的主要企业及科研院所，现有 51 家会员单位。ST7 的工作目标具体如下。

一是通过应用层协议和服务接口的标准化，使量子保密通信可与现有 ICT 应用灵活集成，推动量子保密通信在各行各业广泛应用。二是通过网络设备、技术协议、器件特性的标准化，构建可灵活部署和扩展的量子保密通信网络，使不同厂商的量子保密通信设备可以兼容互通，实现量子密钥分发与传统光网络的融合部署，促进量子通信关键器件供应链的成熟发展。三是通过严格的安全性证明、标准化的安全性要求及评估方法，建立量子保密通信系统、产品及核心器件的安全性测试评估体系。

目前，ST7 已制定了完整的量子保密通信标准体系框架，包括名词术语标准，以及业务和系统类、网络技术类、量子通用器件类、量子安全类、量子信息处理类五大类标准。围绕该体系框架，ST7 已从术语定义、应用场景和需求、网络架构、设备技术要求、QKD 安全性、测试评估方法等方面立项开展 25 项标准编制工作，包括《量子通信术语和定义》《量子保密通信应用场景和需求》两项国家标准项目，《量子密钥分发（QKD）系统技术要求第 1 部分：基于 BB84 协议的 QKD 系统》《量子密钥分发（QKD）系统测试方法》《量子密钥分发（QKD）系统应用接口》《量子保密通信网络架构》《基于 BB84 协议的量子密钥分发（QKD）用关键器件和模块》等 8 项行业标准项目，《量子保密通信网络架构研究》《量子密钥分发安全性研究》《量子保密通信系统测试评估研究》《量子密钥分发与经典光通信系统共纤传输研究》《连续变量量子密钥分发技术研究》《软件定义的量子密钥分发网络研究》等 15 项研究课题项目。

其中，量子保密通信网络架构及系统测试评估研究、量子密钥分发安全性研究、量子密钥分发与经典光通信系统共纤传输研究等 5 项研究课题已经结项，明确了 QKD 网络架构参考模型、量子保密通信系统基本测试方法、量子密钥分发安全性攻防技术等内容。

展望篇

激荡量子时代

第 6 章 "量子化"的材料

6.1 半导体背后的量子奥秘

量子力学的一个重大成就是填平了物理和化学这两门学科之间的鸿沟，拓宽了人类对世界解释的边界，尤其对于材料而言。

材料的进步在很大程度上引领着科技的进步，对材料的认识也彰显了人类自身对于世界的认知程度。早在文艺复兴时期，近代科学家就已经开始研究探索化学合成和加工新的材料，从塑料到今天的石墨烯和碳纳米管，对材料的认识和发现贯穿着整个近现代科学发展的历史。

量子理论的突破也给材料带来了新的方向。其中，半导体就是基于量子力学而诞生的最重要的材料之一。很难想象，如果没有半导体，现代生活就没有计算机，没有手机，没有数码相机。如果退回到电子管时代，那时候的收音机将比现在的微波炉还大。

6.1.1 从量子角度认识半导体

半导体技术是所有集成电路的基础。现在，半导体已经广泛应用

于我们的生活中，手机、电视、计算机，其最核心的元件都是用半导
体制作的。

那么，什么是半导体呢？我们知道，原子中有电子，在一定条件
下，电子会摆脱原子核的束缚，在某种材料中自由运动，这就形成了
电流。我们可以把运动的电子想象成一辆汽车，把电子跑过的材料想
象成一条公路。电流大不大，或者说汽车跑得快不快，取决于公路的
路况。有些材料，它们的"路况"很好，汽车在上面可以跑得很快，
不会受到明显的阻碍。这种材料就叫导体。

绝大多数金属，如铜、铝、铁等，都是导体。而有些材料，它们
的"路况"很糟糕，障碍重重，汽车一上路就被堵得水泄不通，根本
跑不起来。这种材料就叫作绝缘体。常见的陶瓷、橡胶、玻璃等，都
是绝缘体。

还有一些特殊材料的"路况"很诡异：路上有不少障碍，一般汽
车开上去就会被堵死。但要是外部条件发生变化，如温度升高，那汽
车就又能在路上畅行了。这些特殊的材料就是半导体，会发生这样的
现象正是基于量子力学的原理。

物质是由原子组成的，根据量子力学对物质的理解，物质里的电
子就像装在一个大箱子里，它们可以在里面自由活动。例如，一块
单晶硅立方体，其内部的电子都可以在这个立方体的箱子中自由活
动，如果撞到箱子壁，就会被弹回去。因此，在量子力学中，装在
一个箱子里的粒子一般不会有确定的位置，可以出现在箱子里的任
何地方；但粒子的能量常常比较确定，因为粒子喜欢"走向"能量
最低的状态。

到这里，量子力学就可以简单地算出箱子里电子能量的确定状态，即能量本征态。根据量子力学的波粒二象性，这些能量本征态是一些在箱子壁之间来回反射的驻波，波长只能是一些特定的值。在一定程度上，可以理解成电子不断碰壁来回行走，但它的速度和波长成反比，只能是一个基本单位的整数倍。

粒子的能量只能是一系列不连续的值。每一个这样的能量本征态叫作一个能级。不过，当箱子变得很大，可以容纳大量的电子时，这些能级就会变得很稠密，接近连续但仍然不是无限多的。

因此，从能量的视角看，电子形成了一个深深的"海洋"。在某个能量以下，所有的能级都被填满了。但一个物体不总是在最低能量的状态，因为物体内部有热运动。对于电子而言，热运动就是表层的电子状态有所改变，也许将跳到一个稍高的能级，就好像海洋表面有涟漪和波浪。至于深处的电子，它们依然动不了，高一点、低一点的能级都被占满了，热运动没有那么高的能量将它推到海平面以上。

同样的道理，如果有外力，例如，给物体施加一个电压，也只有表层的电子能够随着电场漂移形成电流。虽然所有的电子都应该看成被所有的原子共享，但只有海洋表面很少量的电子是真正自由的，海洋深处的电子在一般情况下是动不了的。不过，也有特殊情况，如宇宙射线中的一个高能粒子射进来，可以把很多深处的电子释放出来，会一路制造大量的自由电子。

当一个自由的电子和一个海洋深处不自由的电子相遇，正常情况下什么都不会发生。这和经典力学的图景非常不一样。在经典力学下，两个电子在同样的空间里，它们之间有排斥力，有一个非零的概率发生碰撞或交换能量。而在量子力学中，虽然电子之间的相互作用永远存在，但这种相互作用需要条件才能产生后果。同在一个空间中的粒子的碰撞不是注定发生的。为什么有一些物质，里面的电流一旦形成就停不下来？因为电流不会因为和物质内部的其他粒子碰撞而衰减，而这就是超导体。深层电子对自由电子是有影响的，像透明的电荷云，它们的存在会影响物质内部的电场分布。

电子可以自由漂移，但质量重上万倍的原子核很难移动。量子物理学对固体的研究，是从晶体开始的。在晶体中，原子核呈现周期性的规则排列，一个更精细的物理模型是：原子核被钉死在晶格点的位置上，电子被所有的原子核共享。在晶体中，由于原子核的吸引力，电子靠近原子核的概率自然更大些；但更重要的差别是，在晶体中，电子能级不再是接近完全连续的，而是从上到下分裂成很多能带。在每一个能带内，能级仍然非常密集地接近连续，但不同的能带之间有缝隙，叫作能隙。能隙中不存在任何能级。

也就是说，电子的能量海洋分成很多层，除了最上层，其他层都被填得满满的，不会产生电流。在一些材料中，最上层的能带只填了一部分，其中有一些自由电子可以导电，这就是所谓的导体，包括所有的金属材料。在另一些材料中，最上层的能带被填满了，里面没有自由电子，在上面还有一个空的能带，但对材料施加电压产生的电场强度，完全不足以让电子跳上去，这就是绝缘体。

半导体和绝缘体一样，最上层的能带被填满，在很低的温度下是基本不导电的。但它的能隙比较窄，热运动可以让少量电子跳到上面的空能带中，成为完全自由的电子。跳到上面的自由电子数量是随着能隙增长而呈指数级下降的，也就是说，若能隙增加一点点，则自由电子的数量就可能大幅度减少。因此，从绝缘体到半导体，也是一个量变引起质变的例子。

6.1.2　PN 结和 MOS 管

半导体技术实际上是基于量子力学派生出来的能带理论，或者说是固体能带理论与量子力学里的一些重要结论。

在半导体材料中，当一小部分热电子跳到上方的能带（导带）获得自由时，下方的能带（价带）也有了一些空出来的能级，这样的空位称为空穴。有了空穴，价带也就可以导电了。电流无非一个方向运动的电子多一些，相反的方向少一些；有了空位，电子就可以响应外加电场做出状态调整，产生电流。

在纯半导体材料中，电子和空穴总是成对地产生，数量相等。如果在材料中掺入杂质，有的杂质会贡献空穴，成为空穴更多的 P 型半导体；有的杂质则会贡献多余的自由电子，自由电子更多的材料称为 N 型半导体。

一块 P 型半导体紧贴着一块 N 型半导体，这种结构称为 PN 结。PN 结的应用有很多，它几乎是一切半导体器件的基础。

把一勺盐倒进一桶水中，盐会在水里扩散直到均匀分布，这是统计物理学的一个基本规律，粒子总是从浓度高的地方向浓度低的地方迁移。也就是说，如果对同一块硅片的两个相邻区域，分别进行 P 型和 N 型的掺杂，那么由于 P 区空穴浓度高，空穴会向 N 区扩散；N 区自由电子浓度高，电子会向 P 区扩散。

当电子和空穴相遇，电子会跃迁到价带中填补空位，二者会相互中和。在 P 区、N 区相接的界面上，形成一层电子和空穴都消失的区域，称为耗尽层。但这个扩散不会一直进行下去。P 区本来是电中性的，在耗尽层中，损失部分空穴后就带负电，会吸引空穴阻止它们继续离开。同理，N 区在耗尽层中会带正电。耗尽层中会有一个电场，把空穴推向 P 区，把电子推向 N 区，最后达到一个平衡状态。耗尽层的厚度通常在微米量级甚至更薄，掺杂浓度越高，耗尽层越薄。

PN 结的一个重要特性就是单向导电性。如果在 P 区加正电压，N 区加负电压，在已经建立平衡的基础上，正电压制造更多的空穴会涌向耗尽区，负电压制造的自由电子也会涌向耗尽区，那么耗尽区就会变薄，空穴和电子在这里不断中和形成电流，这是 PN 结的正向。

如果电压的方向反过来，空穴、自由电子都会远离耗尽区，那么耗尽区就会变厚，最后载流子枯竭无法导电，这是 PN 结的反向。

基于 PN 结，贝尔实验室的物理学家巴丁等发明了晶体管，并因此获得了 1956 年的诺贝尔物理学奖。晶体管的发明启动了电子器件小型化的征程，一直发展到今天的超大规模集成电路。人类社会因此进入了信息时代。

集成电路芯片中最常见的晶体管，就是场效应管。晶体管被发明出来的时候，是用来放大信号的。场效应管虽然也可以用来做放大器，但是在今天这个信息数字化的时代，它们最主要的应用是开关，即用电压控制的开关。所有的数字芯片都是由一个个开关组成的。

场效应管有三个管脚，另外，衬底也需要通电。源极和漏极的管脚都接在 P 型半导体衬底上一个高浓度的 N 型掺杂区。高浓度掺杂区有很好的导电性，半导体与金属管脚的接触也很好。这两个管脚和衬底之间各自形成一个 PN 结。在实际使用中，P 型衬底会接到 0 电位，源极和漏极的电位始终都是正的。这样两个 PN 结都是反向偏压，不导通。我们不希望有电流从管脚漏到衬底里面。如果没有栅极的作用，源极和漏极之间隔着两个反向偏压的 PN 结，是不导通的。

栅极是起开关作用的，它由金属或导电材料制成。在栅极和硅衬底之间，隔着一层绝缘的二氧化硅，防止电流漏到衬底上。当把栅极施加高电压时，其下面带正电的空穴会被排斥，在材料中本来是少数的自由电子会被吸引过来。

当电压超过一个临界值后，栅极下面的一个薄层不再是 P 型半导体，会被反转成 N 型区。这个 N 型反转区叫作沟道，它将源极和栅极的 N 区连接起来，使源极和漏极导通。这种场效应管就叫作 MOS 管，是按栅极下的结构命名的：Metal（金属）-Oxide（氧化层）-Semiconductor（半导体）。MOS 管靠一个 N 型沟道导通，因此又被称为 NMOS 管。NMOS 管的特点为栅极加高电位时导通，低电位时关闭。

半导体电子器件中的物理核心在不同的电子器件中是不一样的，但一般是 PN 结和 MOS 管。于是，利用半导体的特性，可以做出一些很有用的电子元件，其中最重要的是二极管和晶体管。

二极管有一个非常特殊的性质：在一个方向上给它加上电压，就会产生电流；而在相反方向上给它加上电压，却不会产生电流。这就像是城市里的单行道：我们可以同向开车，但是不能相向开车。二极管则可以在电路里扮演一个开关的角色。

LED 就是发光二极管的简称。LED 的发明者赤崎勇、天野浩和中村修二，三者于 2014 年获得诺贝尔物理学奖。LED 灯就是一种特殊的、能够发光的二极管。使用发光二极管有什么好处呢？一是它的发光效率非常高，比过去的白炽灯要高很多，这使它变得非常节能。所以现在很多商店，如宜家卖的灯泡都是用发光二极管制作的。二是它的使用寿命很长，比白炽灯的寿命要长 10 倍以上。这些优点也让人们普遍相信，LED 将成为未来最主流的光源。

6.2 二维量子力学与石墨烯

到目前为止，无论是量子测量、量子通信、量子计算，还是半导体等，基于量子力学而诞生的应该还都是三维层面的应用。但实际上，量子理论在二维空间也大有作为，二维空间最具代表性的材料就是石墨烯。

6.2.1 用量子的视角打开石墨烯

塑料，是 20 世纪最伟大的发明之一。1869 年，印刷工人约翰·海厄特发现，在硝化纤维中加进樟脑，改性后的硝化纤维柔韧性和刚性都非常优异，通过热压可制成各种形状的制品，这种材料被命名为"Celluloid（赛璐珞）"，也就是最古老的塑料制品。3 年后，这种古老的塑料制品开始投产，大部分用于象牙代用品、马车和汽车的风挡及电影胶片等，从此开创了塑料工业。

不过，塑料的爆发应用则始于 1907 年，贝克兰合成了可塑性材料。可塑性材料为此后各种塑料的发明和生产奠定了基础，并逐渐走进了电话、收音机、枪支、咖啡壶、台球、珠宝，甚至第一枚原子弹里。如果说塑料是 20 世纪发明的最伟大的新材料，那么，石墨烯将成为 21 世纪的颠覆性材料，石墨烯所彰显的巨变力量，一点也不比当初的塑料小。

石墨烯和塑料一样，都是由碳基分子形成的。2010 年 10 月 5 日，瑞典皇家学院宣布了当年诺贝尔物理学奖获奖者及其获奖理由：安德烈·海姆（Andre Heim）和康斯坦丁·诺沃肖洛夫（Konstantin Novose-lov）制备出了石墨烯材料，并发现其所具有的非凡属性，向世界展示了量子物理的奇妙。

实际上，石墨烯的理论研究历史不长，其曾被认为是假设性的结构，无法单独稳定存在。现实中，人们常见的石墨就是由无数层石墨烯堆叠在一起构成的（厚 1mm 的石墨大约包含 300 百万层石墨烯），用铅笔在纸上轻轻画过，留下的痕迹就有可能是一层或数层石墨烯。石墨的层间作用力较弱，很容易互相剥离成薄薄的石墨片。如果能找到方法将石墨薄片进一步剥成只有一个碳原子厚度的单层，就能得到石墨烯。

基于这一原理，英国曼彻斯特大学物理学家安德烈·海姆和康斯坦丁·诺沃肖洛夫在 2004 年用机械剥离法首次成功地在实验中从石墨中分离出石墨烯，即一种由乙苯环结构周期性紧密堆积的碳原子构成的二维碳材料。特殊的结构使得石墨烯成为构成其他石墨材料的基本单元；它既可以翘曲成零维的富勒烯（巴基球），也能卷成一维的碳纳米管，还可以堆垛成三维的石墨。

不过，石墨烯最出名也最神奇的一点就是：它是一种二维材料。石墨烯只有一个碳原子的厚度，稍微薄一点或者厚一点都不是石墨烯。石墨烯的发现不仅打破了自然界中不可能存在二维结构物质的传统观念，极大地充实了碳材家族，还为促进传统产业转型升级、引领战略性新兴产业快速崛起找到了关键材料。

用肉眼观察，石墨烯呈黑色粉末状，握在手里轻若无物，却是目前人类已知的导电导热性能最佳、质量最轻、强度最大、韧性最好，并具有极高透光率和高比表面积的材料。凭借自身良好的光、电、热、力等性能，石墨烯被人们寄予了诸多超乎想象的功能，并成为碳时代的"黑金"。

从根本上说，石墨具有一个分层的结构。其每一层都是一个正六角形组成的蜂窝状网络，层内相邻原子的间距是 0.14nm，层与层之间的距离是 0.34nm，层与层之间的结合力非常弱。因为层与层之间很容易剥离，所以石墨很松软。一经摩擦就会产生石墨细粉，很适合做铅笔芯。

钻石和石墨都是由碳元素组成的不同物质，也被称为同素异形体。这生动地展示了物质的属性不但与组成它们的原子有关，还与搭建它们的晶体结构有关。钻石之所以珍贵，是因为生成这种特殊的晶体需要地层深处的高温高压环境。

对于石墨烯来说，为什么 4 价的碳元素可以生成六角形的晶体呢？这就与共价键——π 键有很大关系。高中化学课里学到的由 6 个碳原子和 6 个氢原子组成的环形苯分子，里面就有一个 π 键。苯分子结构中的碳原子要由 4 条线引出去。按同样的原则，可以把石墨烯的晶体网络画成如图 6-1 所示的样子。这种图像过于简单化，图中的六边形有的边是单键，有的边是双键，看似不对称，但实际上由 π 键结合起来的碳原子环是完全对称的正六边形。

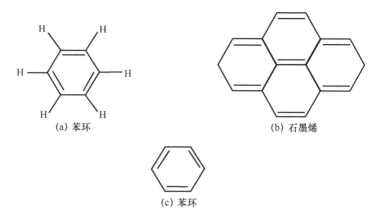

图 6-1　石墨烯的晶体网络

这个简单的图像可以稍微改进一下：苯环有两种可能的构成，一个碳原子可以挑选相邻的两个碳原子中的任何一个形成双键；真正的苯分子是这两种可能性的量子叠加，对于石墨烯而言则是三种可能性的量子叠加。

6.2.2　新材料的希望

众所周知，材料是人类赖以生存和发展的物质基础，推动着整个人类文明的演化。从木石泥，到铜铁钢，再到硅晶片、碳纤维，历史经验表明，人类社会每个新时代都会有一种新材料出现，而这种新材料往往成为那个时代生产力提升的"发动机"。不过，对于过去的材料来说，都无法摆脱随着使用时间的延长而出现损耗的宿命。

例如，牛仔裤会因穿着时间长而使面料变得稀疏，甚至出现小洞；厨房搅拌机最终会因用于调整马达速度和搅拌强度的齿轮长期磨损彻底断裂而无法启动；连汽车也会因为变速器的老化而报废，随着时间的推移，摩擦会造成损耗，传动装置自然就会失效。

材料最终会走向损耗的根本原因，是摩擦力的存在。当两个表面相互摩擦时，实际的接触点只有纳米大小——是在几个原子间产生摩擦的。造成摩擦的原因相对复杂，既要考虑表面的粗糙度，又要考虑材料形状的微小变化和表面的污染情况。在出现摩擦时，运动表面间产生的能量将转化为热能，从而导致一些潜在的破坏性结果。

例如，汽车发动机内的活动部件，以及驾驶过程中此类部件相互摩擦产生的热量，就是我们使用机油和冷却系统的主要原因。如果不进行润滑和冷却，发动机产生的热量将迅速损毁发动机，还有可能致使汽车起火。

然而，石墨烯却完美解决了过去材料因为摩擦力而导致的缺陷。基于这个特性，石墨烯涂料现已应用于小型机械部件，不仅能够显著提高部件的使用寿命，而且能够避免因摩擦产生的无效热量。

不仅如此，当石墨烯应用于微型机械时，人们还可以在石墨烯涂层中有选择性地添加杂质，以实现原子级的校准。这样一来，除在指定的运动方向上可以避免摩擦产生外，还可以让其他方向上的运动仍能产生摩擦。这种被动的自我校准方案已通过实验室测试。

除摩擦力小外，石墨烯还拥有另外一项革命性的应用价值，就是超高的强度。如今，各种产品提升强度和抗断裂性能的方法之一就是加大产品的体积：增加塑料或木板的厚度，使其不易破裂；通过加大密度来提升材料的强度；附加梁木或固件来分担材料在使用过程中承受的压力。这些解决办法都会产生一个共同的副作用——在提升强度的同时，增加了物体的质量。随之而来的问题是，人们是否愿意为了实现防摔的功能而增添物品的质量？

对于汽车来说，在某些硬件处使用密度更大的材料通常会使安全性得到提升，然而车身的质量一旦增加，燃油的经济性便会下降。而使用石墨烯代替传统设备的强化方法，可以在使物品更加坚固的同时减小物品的质量。无论是并未发生实质性损毁的汽车引擎和轮胎，还是无须因日常磨损而频繁维护的机械设备，石墨烯都可以改善它们的耐用性能。

最后，也是石墨烯最为人们所期待的特性，就是"轻便和柔韧"的特性。石墨烯是由排列在平面上的单层原子构成的，不仅非常纤薄，而且强度极高，这也就意味着，石墨烯可经弯折、卷曲、折叠处理,塑造出任何能够想象出的形状。石墨烯材料不仅能被拉伸至原尺寸的 120%而不发生断裂,还能够轻松恢复到初始状态。除此之外,石墨烯还能将投射到材料上的 92%的可见光传输出去。也就是说,石墨烯不仅轻便、柔韧、可导电,而且几乎是隐形的。

这为未来的智能设备奠定了材料的基础。例如,使用石墨烯作为材料的薄膜计算机可在隐形状态下覆盖车窗玻璃,从而为即将实现自动驾驶功能的汽车提供地图和实时路况报告,帮助驾驶人在任意两地间行车时选择最佳路线。以石墨烯薄片为材质的计算机类应用,还包括可与隐形眼镜相结合的微型嵌入式计算机。在未来,人们可以利用抬头显示技术,随时将需要查询的信息展现在自己眼前。

放眼未来,如果石墨烯的性能被彻底发挥出来,那么大数据、物联网、云计算、智能设备等各项前沿领域将会取得重大突破,真正实现"万物互联",人们习以为常的生产生活方式也会被彻底颠覆。

6.2.3 "黑金"时代还有多远

当前,石墨烯被形象地称为"黑金""万能材料""新材料之王""未来材料""革命性材料",甚至有科学家预言其极有可能掀起一场席卷全球的颠覆性新技术革命,进而彻底改变 21 世纪。

不过,石墨烯好则好矣,但离普通消费者仍有一定的距离。究其原因,除制造、营销及配售新产品或改造产品常见的障碍外,石墨烯产品所面临的其他困难还包括创建和维护原材料供应链、与拥有牢固客户基础的技术展开竞争，以及应对不可避免的法律问题。

其中，最重要的是两个方面的原因。

一方面，石墨烯面临制造的障碍。石墨烯的制造难度仍然很大，当前，制备石墨烯有 4 种主流方法：机械剥离法、化学气相沉淀法、碳化硅外延生长法和氧化还原法。

机械剥离法是实验室制备石墨烯的主要方法，也是当前制取单层高品质石墨烯的主要方法；化学气相沉淀法被认为最有希望制备出高质量、大面积的石墨烯，是产业化生产石墨烯薄膜最具潜力的方法；碳化硅外延生长法虽然可以制得大面积的高质量单层石墨烯，但受单晶碳化硅的价格昂贵、石墨烯生长条件苛刻、生长出来的石墨烯难以转移等因素影响，其目前主要用于以碳化硅为衬底的石墨烯器件的研究；氧化还原法也被认为是目前制备石墨烯的最佳方法之一。

随着世界各地的公司纷纷加入石墨烯生产大军，生产石墨烯的新方法在以惊人的速度不断涌现。我们确实有可能在几年内实现石墨烯的大规模生产。当然，部分企业仍将专注于小批量、定制化的石墨烯生产（如生产出长度在毫米至厘米间，甚至更短的石墨烯薄片），这种石墨烯可用作添加剂或与其他材料结合使用。而要想真正达到实用且能够产生效益的阶段，石墨烯的年产量至少需要超过数千吨。

另一方面，在广泛应用之前，石墨烯必须兑现市场预期，提供比现有技术更高的效益或者更低的价格；还须在顾客指定时间内保质保量地实现大批量供货。面对每年成千上万个新型石墨烯应用专利的申请，当前，全球石墨烯产量仅可勉强满足实验室研究人员的需求，商用市场根本无从谈起，因此高质量的石墨烯产品价格相当高。

不过，如果基于石墨烯生产的"杀手级应用"被发明出来，那么石墨烯市场或将迎来一场批量化生产的竞赛以满足这一需求。一旦产量增加，特别是出现很多供应商后，每单位石墨烯产品的价格就会下降，只有这样，一个强大的商业市场才能形成。

人类工业化的历史经验表明，新材料的发明制取在现代产业体系中扮演了举足轻重的角色，屡次催生出新产业甚至是新产业群。然而，新材料在产业化过程中，尤其在技术、市场和组织等方面存在极大的不确定性。如果按照硅材料产业的成熟周期为 20 年来推断，石墨烯产业化成熟还要 5~10 年，因此，石墨烯想要真正引领"黑金"时代，还有一段路要走。

6.3 量子力学登上科技舞台

虽然量子力学诞生于微观世界，描述着微观世界，但如今，量子力学已经与核科学、信息学、材料学等学科融合发展，催生了量子科技革命。步入 21 世纪，量子力学在计算、通信、测量中的应用日渐丰富，不少技术已经被推广使用，极大地促进了社会的更新发展，一个量子科技的时代正在加速到来。

6.3.1 第一次量子科技浪潮

量子是构成物质的基本单元，是不可分割的微观粒子如光子和电子等的统称。量子力学研究和描述微观世界基本粒子的结构、性质及其相互作用，与相对论一起构成了现代物理学的两大理论基础。

20 世纪中叶，随着量子力学的蓬勃发展，以现代光学、电子学和凝聚态物理为代表的量子科技第一次浪潮兴起。其中，诞生了激光器、半导体和原子能等具有划时代意义的重大科技突破，为现代信息社会的形成和发展奠定了基础。

我们知道，物质都是由原子组成的。原子中间有一个原子核，原子核外还有在固定轨道上运动的电子，在不同轨道上运动的电子具有不同的能量。打个比方，当我们负重爬楼梯时，爬十楼明显比爬五楼更累，爬越高的楼层消耗的能量就越多，而消耗的能量则转化为我们的重力势能。换句话说，十楼的重物本身就比五楼的重物拥有更多的能量。在地球上发射火箭也是如此，发射时消耗的燃料越多，就能把火箭送上离地球越远、本身能量也越大的轨道。原子世界也遵循同样的规律。我们要把电子送上更高的轨道，就需要给它更多的能量。换句话说，位于较高轨道上的电子，本身也具有较高的能量。

激光和其他任何光一样，都是由光子组成的，每个光子都有一定的能量。一般生活里常见的光，如太阳光，就包含着许许多多的光子，而且这些光子的能量有大有小。但激光非常特别，其每个光子的能量都一样大。这就是激光与普通光最大的区别。

前文中已经说过，对于不同轨道，其内部电子的能量是不一样的。与此同时，每种激光的光子又都有一个特定的能量。当激光打到皮肤上时，如果皮肤里电子的能量与激光光子的能量不匹配，那它就不会吸收这种激光；反之，它就会吸收这种激光。激光祛斑的工作原理就是如此。当激光照到脸上时，正常皮肤里的电子能量与激光光子能量不匹配，所以会完好无损；而黑色斑块里的电子能量与激光光子能量匹配，就会吸收激光并最终被激光所破坏。

不过，受限于对微观物理系统的观测与操控能力不足，虽然第一次量子科技的浪潮带来了许多令人惊喜的应用，但这一阶段的主要技术特征是认识和利用微观物理学规律，如能级跃迁、受激辐射和链式反应，但对物理介质的观测和操控仍然停留在宏观层面，如电流、电压和光强。

进入 21 世纪，随着人们对量子力学原理的认识、理解和研究的不断深入，以及对微观物理系统的观测和调控能力不断提升，以精确观测和调控微观粒子系统、利用叠加态和纠缠态等独特量子力学特性为主要技术特征的量子科技第二次浪潮即将来临。

量子科技浪潮的演进，将改变和提升人类获取、传输和处理信息的方式和能力，为未来信息社会的演进和发展提供强劲动力。量子科技将与通信、计算和传感测量等信息学科相融合，形成全新的量子信息技术领域。

当前，量子科技主要应用于量子计算、量子通信和量子测量三大领域，并且展现出在提升运算处理速度、信息安全保障能力、测量精度和灵敏度等方面突破经典技术瓶颈的潜力。量子信息技术已经成为信息通信技术演进和产业升级的关注焦点之一，在未来国家科技发展、新兴产业培育、国防和经济建设等领域，将产生基础共性乃至颠覆性的重大影响。

6.3.2　引领下一代科技革命

如今，信息技术革命，特别是人工智能、量子信息技术、区块链、5G 技术等新兴信息技术的加速突破和应用，正在推动人类由物质型社会向知识型社会转变。在知识型社会，信息的重要性正在超越物质的重要性，成为人类最宝贵的战略性资源，人类对于信息的渴求达到了前所未有的高度，而传统的基于经典物理学的技术已经不能满足人类在信息获取、传输及处理方面的需求，科技发展遭遇三大技术困境。

第一，计算能力逼近天花板。在大数据时代，一方面，人类所获取的数据呈爆炸式增长，但巨量数据受制于传统存储空间；另一方面，人工智能技术的发展对计算能力提出了更高的要求，而传统计算机的算力受摩尔定律的限制，难以得到相应提升。虽然可以通过硬件的堆叠实现超级计算，但其计算能力的提升空间极其有限，并且耗能巨大。

第二，信息安全防不胜防。传统的信息加密技术是依靠计算的复杂程度而建立起来的，然而，随着计算能力的提升，这样的加密系统理论上都可以得到破解，即使是当前依靠算力建立起来的区块链也在所难免，信息安全依然存在一定的漏洞和风险。

第三，信息精度难以精益求精。传统经典的测量工具已经不能满足人类对于精度的需求，越来越多的应用领域需要更加精密的测量，例如，时间基准、医学诊断、导航、信号探测、科学研究等，人类急需新技术破解当前技术发展的困境。

针对当前信息技术所展现出来的困境，基于量子力学的量子科技显示出独特的优势，为破解传统经典技术发展瓶颈提供新的解决方案。

首先，量子计算机将破解计算能力的瓶颈。量子计算以量子比特为基本单元，通过量子态的受控演化实现数据的存储计算，具有经典计算无法比拟的巨大信息携带和超强并行处理能力。量子计算技术所带来的算力飞跃，有可能成为未来科技加速演进的"催化剂"，一旦取得突破，将在基础科研、新型材料与医药研发、信息安全与人工智能等经济社会的诸多领域产生颠覆性影响，其发展与应用对国家科技发展和产业转型升级具有重要的促进作用。

其次，量子通信将破解通信安全的瓶颈。微观粒子的量子状态具备不可克隆性，这就使得任何盗取信息的行为都会破坏原有的信息，而被信息接收者发现。因此，量子通信从物理原理层面上避免了信息被盗取和被破解，从而实现了通信的"绝对"安全。基于量子力学原理保证信息或密钥传输安全性，主要分为量子隐形传态和量子密钥分发两类。量子通信和量子信息网络的研究和发展，将对信息安全和通信网络等领域产生重大变革和影响，成为未来信息通信行业科技发展和技术演进的关注焦点之一。

最后，量子精密测量将突破测量精度的瓶颈。与传统的测量技术相比，量子精密测量技术可以实现测量精度的飞跃。量子测量基于微观粒子系统及其量子态的精密测量，完成被测系统物理量的执行变换和信息输出，在测量精度、灵敏度和稳定性等方面比传统测量技术有明显优势。其主要包括时间基准、惯性测量、重力测量、磁场测量和目标识别等方向，广泛应用于基础科研、空间探测、生物医疗、惯性制导、地质勘测、灾害预防等领域。量子物理常数和量子测量技术已经成为定义基本物理量单位和计量基准的重要参考，未来量子测量有望在生物研究、医学检测，以及面向航空航天、国防和商业等应用的新一代定位、导航和授时系统等方面率先获得应用。

伴随着科学技术的不断进步，量子科技将引领新一轮科技革命，并将逐步影响社会发展的各方面，推动人类进入量子文明时代。

6.3.3 量子科学正在迅猛发展

目前，全球量子科学发展迅猛。一方面，量子计算技术的发展正在大幅推动量子通信的发展。量子计算技术作为应用量子力学原理进行有效计算的一种新模式，其借助量子态的叠加特性能够实现传统计算机无法实现的平行计算。量子计算对于在物理上具体实现量子密码、量子通信和量子计算机均具有实际的意义，目前它已成为智慧信息处理中的一个研究焦点，特别是在信息安全中具有广阔的应用前景。量子计算机有望成为下一代计算机，这一说法已经逐渐被业内接受。

量子技术在认知科学上已经取得进展，其可以在工程系统中尝试模仿人类的学习方式，并为建造表现和模仿人类智慧的工程系统服务。而光量子芯片具备运算速度快、体积微小的特点，可应用于纳米级机器人的制造、各种电子装置及嵌入式技术。

不仅如此，其应用范围还包括卫星飞行器、核能控制等大型设备、中微子通信技术、量子通信技术、虚空间通信技术等信息传播领域，以及未来先进军事高科技武器和新医疗技术等高精端科研领域，并具有巨大的市场空间。随着量子储存能力的突破和量子计算技术的发展，以及量子错误更正编码、量子检测等技术的应用，量子通信系统的效能将会得到很大的提高。

另一方面，从专网发展到公众网络，量子通信正在走向大规模应用。量子通信技术是解决信息安全的根本性手段，具有重大的经济价值和战略意义，其长远目标是实现绝对安全的远距离量子通信，最终目标是促进量子保密通信产业化。量子通信从原理走上小范围专用问题的实用化，是全世界都在努力的方向。

不过，对于如何将量子通信系统应用到经典的通信网络中，如何在成本和收益之间权衡，真正实现量子通信网络，还需要进一步探索。从量子通信网络体系路线图看，量子通信技术的实际应用将分三步走：一是通过光纤实现区域量子通信网络，二是通过量子中继器实现城际量子通信网络，三是通过卫星中转实现可覆盖全球的广域量子通信网络。

目前，量子通信的研究已经进入了工程实现的关键时期。随着量子通信技术的产业化和广域量子通信网络的实现，作为保障未来信息社会通信安全的关键技术，未来 10 年内，量子通信有望走向大规模应用，成为电子政务、电子商务、电子医疗、生物特征传输和智慧传输系统等各种电子服务的驱动器，为当今信息化社会提供基础的安全服务和最可靠的安全保障。

并且，量子通信在军事、国防、金融等信息安全领域都有着重大的应用价值和前景，不仅可用于军事、国防等领域的国家级保密通信，还可用于涉及秘密资料和票据的领域和部门。量子通信既可民用，也可军用，如果同卫星装置统一配对，其应用领域还会更广、更多、更深。量子通信卫星一旦取得成功，必将率先使信息技术产业的内容完全揭开崭新的一页，不但会让传统的信息产业发生根本改变，而且会推动新兴信息产业发展，包括计算机、软件、卫星通信、数据库、咨询服务、影像视听、信息系统建设业等，越发效能高、速度快、产出大和安全保密性强。

此外，虽然量子通信产业还处于发展的初期阶段，但已经广泛应用于卫星通信和空间技术，这也给全球范围内的量子通信提供了一种新的解决方案，即可以通过量子储存技术与量子纠缠交换和纯化技术的结合，制备量子中继器，突破光纤和陆上自由空间连线通信距离短的限制，延伸量子通信距离，实现真正意义上的全球量子通信。

能进行量子卫星传输的国家将拥有许多新优势，如能将高度敏感机密进行加密。为了在量子通信领域中位居上风，各国竞相发展相关科技。当前，国内外许多研究团队都在建造可供卫星承载的量子传输设备，量子卫星的太空竞赛将在各国展开。

可以预见，随着量子技术的发展，量子技术还将会诞生一系列重要的商业和国防应用，进而带来利润丰厚的市场机会和具有破坏性的军事能力。

第 7 章　走进量子世界

7.1　关于量子科学的思考

自从量子理论诞生开始，关于其理论的各种质疑就从未停止过，不过即便在这样的情况下，量子科学仍旧蓬勃发展，一个个新的规律被逐渐发现和证实，人们也掌握了越来越多关于量子科学的知识。

随着对量子科学的理论研究逐渐深入，人们除了对量子科学的内容越来越熟悉、越来越有兴趣，在探索量子科学相关知识的过程中也常常会发现，量子科学涉及的内容不仅有物理学，还有哲学。量子世界为我们带来的不仅仅是一场理论的革新，更是一场世界观的重塑。

7.1.1　世界观的重塑

量子科学所引发的哲学思考有很多，虽然理论不同，在哲学中研究的角度也各有差别，但归根结底，都源于量子世界与宏观世界的不同。量子科学的知识对人类思想造成了很大的冲击。

在量子科学诞生之前，我们对于因果的判断很简单，有原因就有结果，一定的原因和一定的结果相互照应。这种因果之间确定不移的关系，曾经给我们带来很大的便利，我们可以由已经知道的结果去分析原因，进而解决问题。同样，我们如果想要得到某个结果，只需要按照原因的要求去做即可。曾经，我们关于因果的判断是确定的，可自从有了量子科学，世界变得不再确定了。

此外，量子科学还改变了我们对于生死的认识。在量子科学的研究开始之前，人们对于自己的存在状态只有两种判断，生或者死。

薛定谔的猫这个实验就颠覆了人们对生与死的认识。在这个实验中，一只猫被放在一个密封的盒子里，盒子里还有威胁这只猫生命安全的物品，不过这个物品对猫的生命威胁有一半的可能是生效，也有一半的可能是无效。在我们打开盒子之前，这只猫的状态既不是死也不是活，而是既死又活，死活的概率各为一半。这样，生和死就不再是一个确定的概念，而是一个叠加的状态。这里的状态叠加是由于量子态可以叠加而产生的，不过这种生与死的不确定性，在打开盒子之后就不再成立了。

自从薛定谔的猫这个实验开始以来，人们对它的讨论就从未停止过，人们对薛定谔的猫的熟悉程度远远超过对薛定谔的熟悉程度。这个量子科学实验之所以如此著名，是因为这个实验讨论了人们十分关注的生命的存在问题。

量子科学在哲学上引起的思考不仅仅是因果的不确定和生死的不确定，它还为一些看起来很玄妙的内容提供了依据，如心灵感应。在量子纠缠的理论下，只要两个粒子处于纠缠的状态，那么无论相距多远，只要一个粒子发生改变，另一个粒子也会发生相应的改变，因此我们可以通过一个粒子的变化去控制另一个粒子的变化。也就是说，无论距离多么遥远，两个粒子也会保持某种确定的关系。

量子纠缠的原理意味着，确实会存在某种力量使得两个距离很远的物体做出一致的反应，也可以使一个人因为另一个人的行为做相应的事情，就像人们常说的心灵感应一样。心灵感应这个词很早就出现了，虽然关于它的各种解释都有些牵强，但是我们仍旧可以找到很多可看作心灵感应的时刻。也正是因为这样，虽然有一部分人怀疑心灵感应的存在，但是仍旧有人对这种现象很感兴趣。而量子科学的量子纠缠理论则给这种玄妙的现象提供了一种可能的解释，这在哲学角度也引起了人们很多的思考。

量子科学还给我们带来了时空观念的思考，即经典的时空观念和量子世界的时空观念的碰撞。

在经典的时空观念中，任何事件都在空间里有一个确定的位置，都发生在某个特定的时刻。其中，第一次真正定义时间的是玻尔兹曼，他用熵解释了热力学第二定律。玻尔兹曼定义熵为体系的混乱程度，并且熵只能增大，不能减小，而且最小值为零，不可能为负值。根据热力学定律，所有独立系统的熵会自发地增长，这就给时间安上了"方向的箭头"。简言之，时间是线性的。

而按照量子世界的时空观念理论，时间是人定义的维度单位，不一定真实存在。所以，用时间去解释现象时会出现不适用的情况。例如，量子纠缠就是一个用时间概念和空间概念都无法解释的事情。当两个粒子处于纠缠态的时候将它们分开，一个放到地球上，一个放到银河系以外。按照人的认知，理论上两个粒子的距离非常远，按照光速的限制，传递信息再快也不可能同步发生变化。但这时地球上的粒子运动方向发生了改变，远在银河系外的另一个粒子却同步发生相反的变化，时间和空间的物理限制在量子世界并不存在。

那么，假设时间和空间真的不存在，宇宙就是一个整体，于是两个粒子之间的距离只是人产生的认知，实际上它们还处在一个整体中，还是纠缠在一起并没有分开。这样它们之间的信息传递或感应就可以实现瞬时同步。这就像照镜子一样，"镜子中的自己"就是与"物理世界的自己"纠缠的一个像。这个像的运动是同步且相反的，这两个像之间并不需要信息传递就可以同步，而用镜子去照镜子，理想状态下就出现了无限大的空间，甚至比宇宙还大。

如果我们存在的这个宇宙是一个实体宇宙在镜子中的像，那么时间和距离就都没有意义了，两个镜像（纠缠）中的物体运动就是同步且相反的，而且所谓的距离并不存在，更不需要通信。这就是量子理论带来的全新的时空观。

但我们无法理解这个新的时空观，因为人类对空间和时间的度量是站在人这个实体角度上的。我们所说的宏观物理世界和微观物理世界，也是以人的大小作为参考的，但这个世界并不是由人组成的，组成这个世界的是微观粒子。只有更完美地解释微观世界的物理规律，才可能从根本上解读整个宇宙的运行逻辑。这就是量子规律研究的价值。

量子世界为人们带来的思考内容涉及的领域不一，人们的观点也不一致。不过，正是在这些讨论和思考的过程中，人们一点点拨开迷雾，看到了一个更加精彩和清晰的世界。

7.1.2 量子世界需要量子思维

量子理论带来的影响早已超出了物理学的范畴，在量子理论发展的过程中，逐渐发展出一种新的科学世界观和思维方式，即量子思维方式。

首先，量子思维具有整体性。在经典力学中，牛顿思维是还原论的思路，通常，若我们想要深入了解一个物体，会将这个物体分解成越来越小、越来越简单的构件。如果我们可以做到这一点，我们就认为了解了这个物体，即认为万物彼此分离分立。而在量子世界中，量子理论认为世界不包含任何一种独立的、固定的东西，整个宇宙由相互作用、互相叠加的动态能量模式组成，这些能量模态在一个"连续的整体性模式"中纵横交错地互相"干扰"。世间万物是紧密关联的，应该从整体着眼看待世界，整体产生并决定了部分，同时部分也包含了整体的信息。

整体观，一是体现了量子系统整体大于各组成部分之和，不是各部分的简单叠加，因为量子系统有着额外的性能和潜力；二是量子系统无论是整体还是部分都与环境密切相关，系统的性质只有在系统中、在一定的环境下才会表现出来，并会在一定环境下涌现，因此，量子组织对其所处的环境十分敏感，无论是内部环境还是外部环境；三是量子之间这种大量而又模糊不清的关系被称为"语境论"。

实际上，对于整体性"万物一体"的观念，儒、释、道中均有论及。儒家中，孔子"一以贯之"，王阳明为"万物一体"的思想奔走一生。"万物一体"贯穿"心即理""知行合一""致良知"，"仁者与天地万物为一体，使有一物失所，便是吾仁有未尽处""夫人者，天地之心；天地万物，本吾一体者也"。"万物一体"是王阳明晚年讲学的中心论题之一，在《答顾东桥书》等书信中，王阳明对这一论断做了反复阐述。

老子《道德经》中的"是以圣人抱一为天下式""昔之得一者：天得一以清，地得一以宁；神得一以灵，谷得一以盈；万物得一以生，侯王得一以为天下正，其致之也""道生一，一生二，二生三，三生万物。万物负阴而抱阳，冲气以为和"等都是对"万物一体"的表述。

《金刚经》中有"若世界实有者，则是一合相。如来说一合相，即非一合相，是名一合相。"《楞严经》中有"自心取自心，非幻成幻法，不取无非幻，非幻尚不生，幻法云何立？"

以上是儒、释、道对宇宙真相以不同表述的揭示。当今，前沿科学家将对宇宙真相的探究归于整体性，从牛顿思维变成量子思维（整体性），并将整体性作为研究问题的出发点。英国物理学家戴维·玻姆在对后现代科学和后现代世界进行论述时阐明：相对论和量子物理学尽管在许多方面存在分歧，但在整体性方面是一致的，它们的分歧在于，相对论要求严格的连续性、严格的决定性和严格的局限性，而量子力学要求的正相反——非连续性、非决定性和非局域性。物理学中两种最基本的理论却有着大相径庭、不可调和的概念，然而它们却同意宇宙是一个完整的整体。

其次，量子思维具有多样性，量子理论认为世界是"复数"的，存在多样性、多种选择性，因此，在观察和解释世界及其事物时，不是"非此即彼"的，而是"兼容并包"的。多样性意味着在我们做出任何决定之前，选择是无限的和变化的，直到我们最终选择了，其他所有的可能性才崩塌。它还反映出量子系统是非线性的，常处于混沌状态，量子系统通过量子跃迁发展进化，混沌状态会因一个微小的输入而被强烈干扰，"蝴蝶效应"就是其中的典型代表。

最后，量子思维还具有不确定性。量子系统无论是所处的环境还是系统内部都存在"不确定性"，海森堡"测不准"原理表示："我们无法同时研究粒子的位置和动量，每次只能二者取一。""测不准"原理的第一点含义就是，当我们关注事物的局部时，已经将局部从整体中剥离出来，同时选择性地抛弃了其他可能性，即在任何情况下，我们所提出的问题都决定了最终的答案，而得不到其他的答案，因为每当通过提问、测量、聚焦等发生介入量子系统时，我们仅选取了该系统的一个方面进行研究，排除了其他的因素和可能性。"测不准"原理的第二点含义是，我们每次介入量子系统，都会给系统带来改变。

量子力学给予我们重要的启示就是，我们不仅需要传统的思维方式，同时还需要用量子思维方式来认识世界。实际上，人的量子思维方式与当今所有计算机根本性的不同之处，就在于人不仅具有机械固定的学习能力，还具有极其灵活的思维能力，如创造性、想象力、跳跃性学习、灵感、顿悟等。科学家、艺术家等创造性的思维灵感，是通过长期的环境训练与学习知识相叠加的结果，从而才会在某一特定时刻迸发出来。

7.2　跳出局限的力量

量子科学的发展，让我们看到了这个世界不同于以往的方面，我们研究问题的视角不再仅仅局限于宏观的角度；而且量子科学的发展克服了很多以往在宏观世界无法克服的障碍，解决了许多以往难以解决的问题，给我们的生活带来便利。量子科学的很多理论，如不确定性和随机性，也给我们留下许多在哲学领域的思考空间，这门学科不仅仅是一门科学，也含有相当的哲学成分，而这门学科的知识也和很多其他学科有着比较多的联系，正因为如此，很多人认为量子科学技术给我们的生活带来了翻天覆地的改变。

量子科学技术虽然给我们带来了很大的便利，但是越了解量子科学，就越了解量子科学潜在的力量，也就会发现，量子科学背后也是存在一些隐忧的。在某种程度上，量子科学技术在方便人们生活的同时，也会给我们的生活带来困扰和挑战。

7.2.1　隐私的忧虑

与很多新技术一样，量子科技是一把双刃剑，它既有优势，又令人担忧。一直以来，人类都很注重信息的保密性，当然这不仅仅出于保护隐私的考虑，还有一些其他的原因，如利益和军事目的。

在一家美味的食品工厂，食物的配方就是机密，需要严格地加以保护。有了这份秘方，这个食品品牌才能在激烈的市场竞争中脱颖而出，保持自己的竞争优势，获得更多的利益。在战场上，军事情报尤为重要，信息泄露带来的后果是难以估计的，可能造成一群人生命的终止，一场战役的胜负，甚至是一个民族自由的丧失和一个国家的存亡。正是因为信息安全如此重要，人们才想出如此多的加密方式，如各种暗号、暗语及密码等。

密码学是网络空间安全的基石，它分为密码编码和密码分析两个分支。

密码编码通过设计密码算法或系统，保护信息不被他人窃取、篡改，保证信息的保密性、完整性和可用性；密码分析则是研究如何破译敌方的密码算法或系统，两者既相互对立，又相互促进。

传统密码可分为对称密码和非对称密码，对称密码是指收发双方采用相同的密钥加密和解密数据；非对称密码是指加密和解密使用不同的密钥，发送方用公钥加密数据，接收方根据私钥恢复数据。非对称密码基于数学上的困难问题，例如，大数因式分解和离散对数问题，非法用户无法在短时间内获得解密密钥。对称密码的安全性取决于密钥的及时更新，但由于网络数据非常巨大，依靠传统的密钥协商方法实现大量密钥的实时安全交换非常困难。而公钥密码有被量子算法破解的风险。1994 年，美国科学家皮特·肖尔提出了肖尔量子算法，可以有效解决大数因式分解问题和离散对数问题，这一算法一旦实现，将导致目前广泛使用的 RSA 和 ElGamal 公钥密码系统面临被破解的威胁。

量子计算机的快速发展为实现肖尔量子算法提供了可能。目前，越来越多的研究机构和企业加入量子计算机研制的行列。例如，2019 年，IBM 公布了 53 个量子比特超导量子计算处理器，并提供在线量子计算服务；谷歌公司公布了 53 个量子比特量子处理器，可实现随机线路高速采样（100 万次采样，用时约 200s），远高于传统计算机使用的方法；英特尔成功制造出可支持 128 个量子比特的量子芯片；微软推出了量子开发套件；霍尼韦尔推出基于离子阱的量子计算机，达到 128 位量子体积。

我国在量子计算机领域布局较早。2018 年，中国科学技术大学成功研制了半导体六量子点芯片，实现了半导体体系中的三量子比特逻辑门操控，2019 年实现了 12 个超导量子比特"簇态"的制备，同年又实现了 20 个光子输入、60×60 模式干涉线路的玻色取样量子计算；本源量子计算云平台已成功上线 32 个量子比特虚拟机，并实现了 64 个量子比特的量子电路模拟；清华大学、南京大学、浙江大学、国防科技大学、南方科技大学等许多高校，以及中科院计算所、软件所等科研院所投入量子计算机的理论与实验研究；华为、阿里巴巴、百度和腾讯等公司也积极地开展量子计算机的研发。

在这样的背景下，通用量子计算机一旦出现，如果不采取应对措施，将严重威胁目前广泛使用的 RSA 和 ElGamal 公钥密码系统，将导致关键数据如机密数据、生物信息等面临泄露的风险。

值得庆幸的是，密码失效的危险虽然存在，但量子科学技术也提供了新的信息加密方式，量子通信可以最大限度地保护信息的安全。量子不可测量性及量子纠缠的存在，不仅使得量子通信的过程更加安全，而且还自带反窃听能力，一旦有人截取信息，信息的接收方很快就能够察觉，进而确保信息的安全。虽然对信息安全的威胁和更加安全的通信都可以由量子科学技术提供，但是关于量子科学的威胁仍旧切实地存在。

量子科学对人类的威胁不仅仅在信息安全方面，也会威胁人身安全，这主要是由于量子科学技术在军事领域也有广泛的应用。量子科学理论的很多应用不仅会给我们的生活带来便利，也能有效地帮助军队提升战斗力和侦察能力。例如，我国已经建设成功的量子雷达系统，就可以很好地用于侦察敌情，即使是隐形飞机也不能逃脱量子雷达的监察。而量子成像技术能很好地适应战场的环境，探测出相应的设备形态甚至是化学成分。这将使得未来的战争变成科学技术的较量，而一场战争中的科技含量越高，可能造成的危害就越大，相应地，人类面临的威胁也就越大。

与此同时，这些年来，量子科学技术特别是量子计算的发展，进一步推动了人工智能技术的发展，由于量子计算可以在很大程度上提升运算的速度，因此能够使机器学习和人工智能的发展更加智慧，而不是相对机械的。这样一来，未来的人工智能技术就能给我们带来更多的便利。但是，人工智能的发展也引起了人们的担忧，机器越来越先进，就可能对人类造成更大的冲击，特别是对就业岗位的冲击。

量子科学技术的发展，虽然会给人类社会带来一定的威胁，但是它也会给人类带来诸多便利。就像其他新技术一样，在道德上，量子物理的应用方式是中立的，它可以为我们提供某些能力，如何利用这些能力则取决于使用者。我们要做的不是因噎废食，而是看到量子科学技术的两面性，努力引导量子科学技术朝着对人类有益的方向发展。

7.2.2　走向量子远方

一个没有量子科技的宇宙几乎是空洞的。从世界的构成来看，我们的世界依赖于原子和光，以及它们之间的相互作用。即便我们试图避开那些在本质上使用了量子物理学理论的技术，并努力地将自己的观点局限于经典物理学，我们依然无法回避一个现实——现代生活与量子物理学不可分离。

不过，即使是在最基本的层面，我们对量子物理学潜力的发掘也才刚刚开始。使用量子知识，我们也许能制造出某些新材料，这些新材料将区别于其他自然材料。

实际上，尽管我们对元素的认知已非常深入，知道元素周期表中哪些地方仍然空白。但是，在场的领域，我们未知的地方还太多。我们习惯于接受物质存在的三种基本形式——气态、液态、固态。在物理学家看来，还存在另外两种基本形式——等离子态（物质被加热到极高温度，直至失去或获得电子并成为离子的集合）和玻色–爱因斯坦凝聚态。

就像剑桥大学卡文迪许实验室量子物质组主任马尔特·格罗舍（Malte Grosche）所指出的，"量子物理与化学有着有趣的相似性"。

目前，大约有 100 个元素可供化学家研究。如果我们将研究对象扩展为化合物（以不同的方式将元素结合起来），研究对象将无穷无尽，从简单的双原子结构（如氯化钠）到染色体中复杂的大型 DNA 分子结构。类似地，通过量子方法将能制造出新的物质态，其电子自组织的方式将改变材料的自然属性。

这仅仅是开始，格罗舍还做出了一份清单。在这份清单中，格罗舍谈到了不寻常的粒子——孔洞凝聚体，也谈到了手性磁体中的斯格明子晶格，在自旋冰材料中的磁单极子，以及拓扑绝缘体。也许它们听起来非常科幻，但它们是真实存在的。

显然，量子科学对我们认识宇宙具有重要意义。量子科学能让我们认识宇宙中的各种自然力，如电子的能力、激光器的能力等。但目前量子科学尚不足以描述自然，其能够做的，只是预测我们对自然所做的观察会产生何种结果，而这一过程与描述自然是有很大区别的。

此外，我们还需要注意的是，量子科学描述的仅是模型而非"真相"，因此，我们需要避免对量子科学技术的盲目狂热。受后现代主义的影响，学术界存在一种倾向，就是将对量子的观测扩展到"宏观"世界。"测不准"原理意味着"一切皆不确定"；量子科学的神秘本质意味着"一切皆神秘"。也就是说，量子物理学并未描述真实的自然，只是为我们提供了一种方法，是我们根据现有数据预测未来结果的最佳方法。

量子科学认为，不存在绝对的真相，真相只能基于概率进行预测。同时，量子物理学的预测结果与实际结果高度相符。不同的科学理论，其价值与能力的等价度并不相同。

因此，即便我们在网络中搜索到"量子"这样的词汇，其结果也不能代表真相。实际上，今天，我们通过在线搜索就可以轻易地找到一些看起来相关的结果。例如，你可以搜索到"量子"设备能神奇地改变水，具有"量子"性质的水可以"恢复保湿所需的特殊平衡"。这是因为媒体在进行广告宣传时通常会加入这些词汇以增加其科学性和感染力。在描述某种物品时，只是简单地在语言中引入科学术语甚至量子物理学术语，并不能对该物品做出真实表达。

在某种程度上，量子物理学术语常被人们引用。这样的现象并不奇怪，这也从侧面说明了量子物理学对我们日常生活的重要性。历史上，一些社会有"船货崇拜"（出现于一些与世隔绝的落后土著部落，部落中的人看见外来的先进科技物品时，会将之视为神祇崇拜）的思想。他们试图通过这样的方式（建造正版建筑的仿制版）复刻技术社会的外在表象。而量子物理学术语的滥用则被理查德·费曼称为"船货崇拜科学"。"船货崇拜科学"并不值得提倡，但从侧面说明了量子物理学在人类生活中的重要性。

要知道，量子物理学可以说是离我们足够遥远的科学，一个世纪以前，我们所理解的物理世界是经验性的；20 世纪，量子物理学给我们提供了物质和场的理论，它改变了我们的世界；展望 21 世纪，量子物理学将继续为科研提供基本的观念和重要的工具。

如今，我们已经站在了量子时代的起点。在这个世界处于浪潮迭起的风口阶段时，量子科技的迅猛发展不断改变着人们的日常生活，科技和追求完美的思潮渐成时尚，量子科技也不再是描述小众群体的名片，而成了一种富有激情和不断革新的意识形态。无论结果如何，从科学的黎明时期就开始的对自然的终极理解之梦将继续成为新知识的推动力。未来，量子科技还将带领我们跨越局限的力量，走向宽广的远方。